3월 · 4월 · 5월

이 성도를 사용하는 시간
3월 초 : 오전 2시
3월 말 : 오전 1시
4월 초 : 자정
4월 말 : 오후 11시
5월 초 : 오후 10시
5월 말 : 해 질 무렵

이 성도는 북반구 위도 30°에서 50° 사이에 있는 지역에서 위의 시간에서 한 시간 이내 정도의 범위에서 사용할 때 가장 정확하다. 위의 시간은 지역 표준시간 기준이며, 서머타임을 적용하는 지역의 경우 여기에 한 시간을 더한다.

이 성도를 사용하기 위해서는, 성도를 정면으로 보고 관측자가 향하고 있는 방향을 가리키는 노란색 글씨가 아래로 올 때까지 회전시킨다. 예를 들어 지금 관측자가 북쪽을 향하고 있다면, 북으로 표시된 노란 글씨가 아래쪽을 향하도록 하면 하늘의 별과 성도의 모양이 일치하게 된다. 성도의 중심은 천정, 즉 바로 머리 위를 의미한다. 실제의 밤하늘과 성도상의 별의 위치는 일치해야 한다.

동그라미 안의 숫자는 해당 지역을 설명하고 있는 페이지 번호이다. 이중에서 붉은색 숫자는 위의 날짜와 시간대에 가장 잘 보이는 천체를 나타낸다.

12월 · 1월 · 2월

이 성도를 사용하는 시간
12월 초 : 자정
12월 말 : 오후 11시
1월 초 : 오후 10시
1월 말 : 오후 9시
2월 초 : 오후 8시
2월 말 : 해 질 무렵

이 성도는 북반구 위도 30°에서 50° 사이에 있는 지역에서 위의 시간에서 한 시간 이내 정도의 범위에서 사용할 때 가장 정확하다. 위의 시간은 지역 표준시간 기준이며, 서머타임을 적용하는 지역의 경우 여기에 한 시간을 더한다.

이 성도를 사용하기 위해서는, 성도를 정면으로 보고 관측자가 향하고 있는 방향을 가리키는 노란색 글씨가 아래로 올 때까지 회전시킨다. 예를 들어 지금 관측자가 북쪽을 향하고 있다면, 북으로 표시된 노란 글씨가 아래쪽을 향하도록 하면 하늘의 별과 성도의 모양이 일치하게 된다. 성도의 중심은 천정, 즉 바로 머리 위를 의미한다. 실제의 밤하늘과 성도상의 별의 위치는 일치해야 한다. 하지만 성도에 표시된 것보다 실제 밤하늘의 별자리는 훨씬 더 크게 보인다는 점을 기억해야 한다.

동그라미 안의 숫자는 해당 지역을 설명하고 있는 페이지 번호이다. 이중에서 붉은색 숫자는 위의 날짜와 시간대에 가장 잘 보이는 천체를 나타낸다.

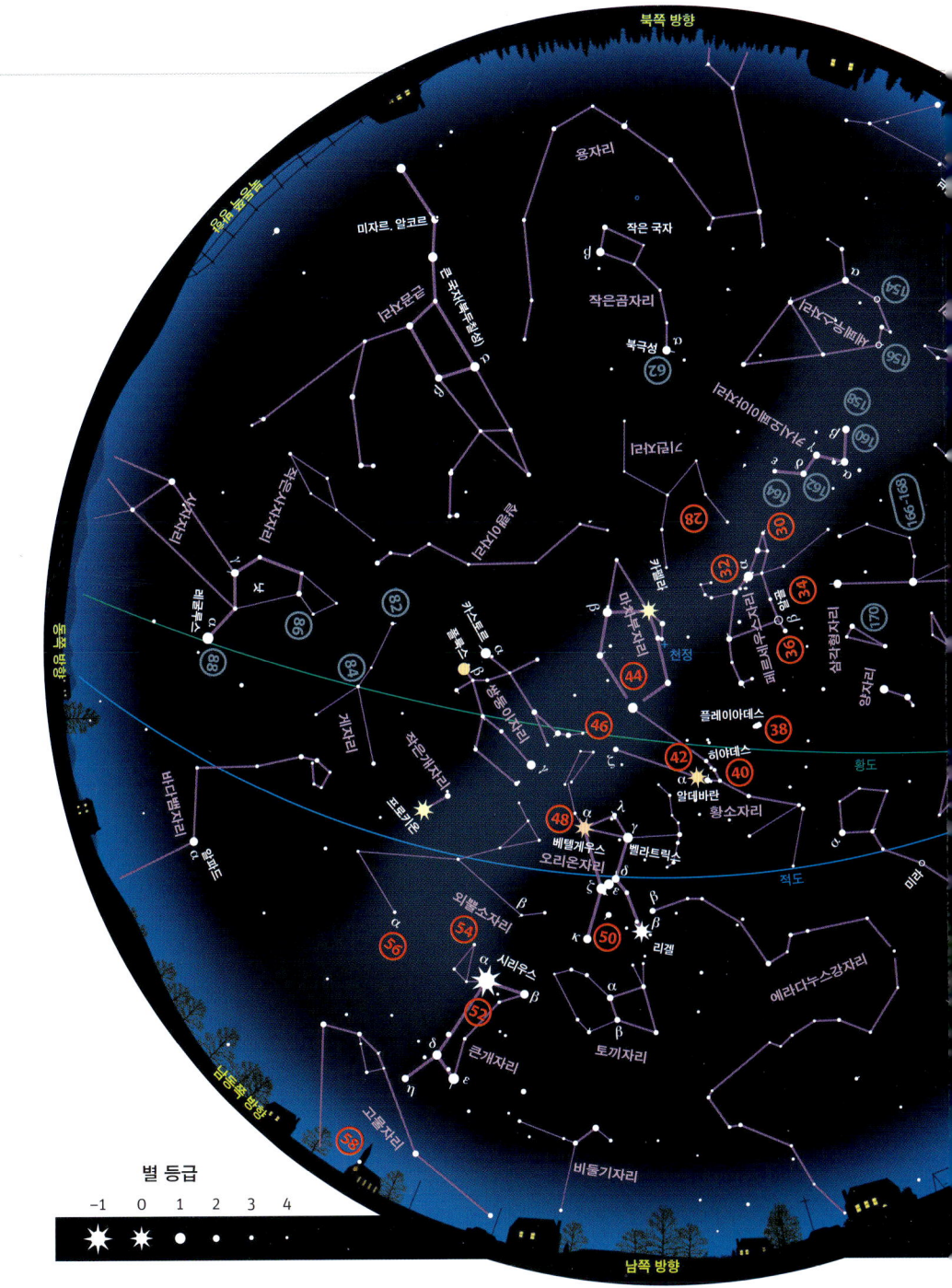

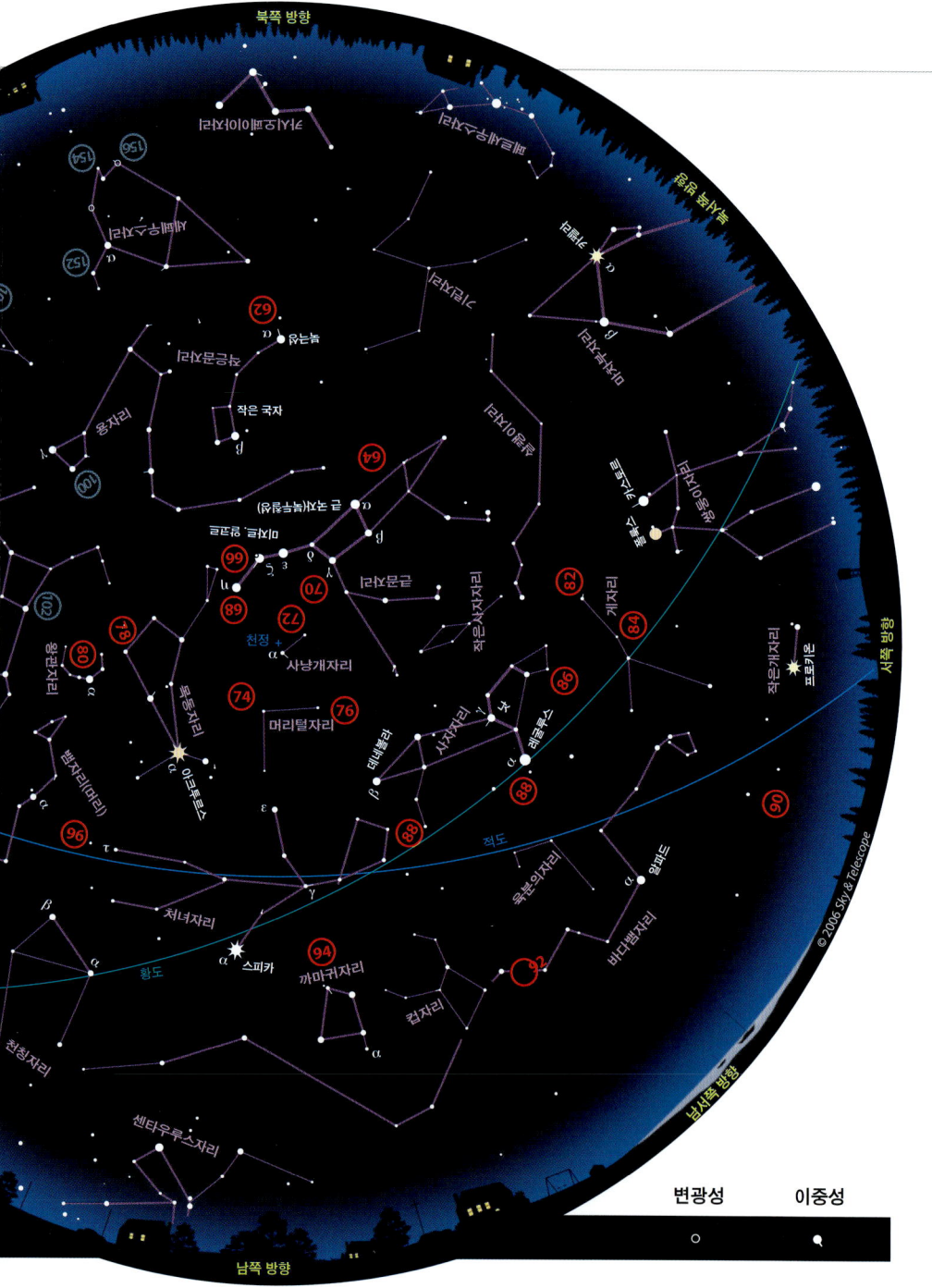

천체관측 입문자를 위한
쌍안경 천체관측 가이드

Binocular Highlights
Copyright © 2010 Gary Seronik, Sky & Telescope,
an imprint of F+W Media, USA
All rights reserved.

Original First edition published by Sky & Telescope Media, LLC, USA.
Korean translation rights arranged with F+W Media, USA.
and Deulmenamu, through PLS Agency, Korea.
Korean translation edition © 2016 by Deulmenamu, Korea.

이 책의 한국어판 저작권은 PLS Agency를 통해
Sky & Telescope와의 독점 계약으로 들메나무에 있습니다.
신저작권법에 의해 한국어판의 저작권 보호를 받는 저작물이므로 무단전재와 무단복제를 금합니다.

천체관측 입문자를 위한
쌍안경 천체관측 가이드

쌍안경으로 볼 수 있는 천체 99선

게리 세로닉 지음 | 박성래 옮김

들메나무

CONTENTS

저자 서문 • 7
역자 서문 • 10
쌍안경 고르기 • 13

CHAPTER 1   12월 • 1월 • 2월

28 • 기린자리	켐블의 캐스케이드, NGC 1502
30 • 페르세우스자리	이중성단 NGC 884, NGC 869, 페르세우스자리 알파별 성협, M34, 알골(Algol)
38 • 황소자리	플레이아데스 성단(M45), 히아데스 성단, NGC 1647
44 • 마차부자리	M36, M37, M38
46 • 쌍둥이자리	M35, NGC 2158
48 • 오리온자리	베텔게우스, M42, Struve747, NGC 1981
52 • 큰개자리	M41
54 • 외뿔소자리	M50
56 • 고물자리	M46, M47, NGC 2477, NGC 2451

CHAPTER 2   3월 • 4월 • 5월

62 • 작은곰자리	약혼반지
64 • 큰곰자리	M81, M82, M101
68 • 사냥개자리	M51, M106, M94, M3
76 • 머리털자리	멜로테 111(Mel 111)
78 • 목동자리	델타(δ), 뮤(μ), 뉴(ν)
80 • 왕관자리	R성
82 • 게자리	로(ρ), 요타(ι), M44
86 • 사자자리	NGC 2903, 레굴루스, 타우(τ)
90 • 바다뱀자리	M48, U, V
94 • 처녀자리	M104
96 • 뱀자리	M5

CHAPTER 3　　　　　　　　　　　　　6월·7월·8월

- 100 · 용자리　　　　　　뉴(ν)
- 102 · 헤라클레스자리　　M13
- 104 · 백조자리　　　　　오미크론¹(o¹), 뮤(μ), 79번, 61번, M39, B168
- 112 · 거문고자리　　　　베가, 엡실론(ε), 제타(ζ), M57
- 116 · 화살자리　　　　　M71
- 118 · 작은여우자리　　　M27, 옷걸이 성단(Cr 399)
- 122 · 독수리자리　　　　버나드의 E
- 124 · 방패자리　　　　　M11
- 126 · 뱀자리　　　　　　IC 4756, 세타(θ)
- 128 · 뱀주인자리　　　　NGC 6633, IC 4665, M10, M12, 로(ρ)
- 136 · 전갈자리　　　　　18번, 뉴(ν), M4, M80, 가짜 혜성
- 144 · 사수자리　　　　　M8, M22

CHAPTER 4　　　　　　　　　　　　　9월·10월·11월

- 150 · 도마뱀자리　　　　NGC 7243, NGC 7209
- 152 · 세페우스자리　　　NGC 6939, NGC 6946, 뮤(μ), 델타(δ)
- 158 · 카시오페이아자리　M52, NGC 7789, NGC 457, M103
- 166 · 안드로메다자리　　M31, M32, M110, NGC 752
- 172 · 물고기자리　　　　TX
- 174 · 페가수스자리　　　M15
- 176 · 물병자리　　　　　M2, NGC 7293
- 180 · 조각실자리　　　　NGC 253, NGC 288

쌍안경 관측자를 위한 천체 목록 99선 · 182

Akira Fujii

저자 서문

　7월, 바비큐용 숯이 식어가고 행복한 저녁 식사의 흔적이 따뜻한 공기 속을 떠돌 무렵, 고개 들어 하늘을 바라보면 별 하나가 보이기 시작한다. 가만히 밤하늘을 응시하고 있으면 별들이 하나씩 하나씩 늘어 내 시야에 들어오다가 어느샌가 밤하늘이 온통 반짝이는 별빛으로 가득 찬다.

　이런 경험이 처음인 사람도 있고, 마치 나무나 새를 보는 것처럼 익숙한 사람도 있을 것이다. 어느 쪽이든 상관 없이 밤하늘의 매력에 사로잡힌 사람들에게 황혼은 마법의 시간이다. 별빛 가득한 밤하늘이 호기심을 자극한다면 이 책이 필요할 것이다.

　밤하늘은 놀라움으로 가득 차 있다. 어떤 것들은 미묘하고, 또 어떤 것들은 웅장하다. 이를 보기 위해 천체망원경이 반드시 필요한 것은 아니다.

　이 책에는 누구든지 쌍안경으로 쉽게 찾아볼 수 있는 천체에 대한 설명과 위치를 나타낸 성도가 포함되어 있다. 물론 쌍안경으로 볼 수 있는 모든 천체를 망라한 것은 아니지만, 밤하늘에서 가장 잘 보이는 성단, 은하, 성운과 같은 딥스카이(Deep-sky) 천체와 이중성을 심혈을 기울여 선정하고 입문자들의 눈높이에 맞게 설명했다.

이 책의 제목인 『Binocular Highlights』는 월간지 〈Sky & Telescope〉에 연재하는 칼럼의 이름이다. 이 칼럼을 통해 일반적인 쌍안경을 가지고 손쉽게 찾아볼 수 있는 밤하늘의 보물을 매달 소개함으로써 독자들이 약간의 관측 기술을 익혀 뒷마당에서 우주로의 여행을 시작할 수 있도록 했다.

관측을 잘하기 위해 공부를 한다는 것은 수많은 밤을 지새우며 별자리 구석구석 뒤져보는 노력과 인내심이 필요하다. 하지만 이 오랜 과정을 통해 단순히 어떤 대상을 찾아서 한 번 보는 것 이상의 즐거움을 느낄 수 있을 것이다.

밤하늘을 관찰하며 상상의 나래를 펴면 우리의 시선은 일상의 고단함과 걱정으로부터 멀리 벗어나 광대한 우주로 향하게 된다. 우리가 사는 행성보다 나이가 몇 배나 많은 구상성단을 보며 겸손해지고, 광대한 성운을 보며 우리의 감각이 그 신비로움을 완전히 이해할 수 없음을 깨닫게 되며, 우리가 바라보고 있는 은하의 빛이 수백만 년 전에 출발한 것임을 깨닫게 될 때 시간과 공간에 대한 감각이 무너지게 된다.

프랑스의 역사가이자 작가인 앙드레 말로(André Malraux, 1901~1976)는

"가장 커다란 미스터리는 우리가 여러 물질과 별들 사이에 무작위로 던져진 것이 아니라, 이 감옥 같은 세계 안에서 우리가 아무것도 아니라는 것을 부정할 만큼 충분히 강한 이미지를 우리 자신으로부터 끌어내고 있는 것이다"라고 말했다.

이 책과 쌍안경을 가지고 석양을 바라보며 탐험을 시작해보자. 우주의 가득한 신비로움이 매일 밤 여러분을 기다리고 있다.

게리 세로닉

집안의 서랍을 뒤져보면 하나쯤 나올 만한 아이템이 쌍안경이 아닐까? 화려해 보이는 천체망원경에 비하면 한없이 작고 초라해 보이지만, 쌍안경은 작고 가벼우며 다루기 쉽기 때문에 천체관측 입문자들을 위한 첫 장비로서는 물론 숙련된 아마추어 천문가들의 보조 관측 장비로도 아주 유용한 물건이다. 실제 천문 동호회 등에서도 천체관측을 위한 입문 장비로 소구경 천체망원경과 함께 쌍안경을 많이 추천하고 있다.

하지만 쌍안경으로 어떤 것을 볼 수 있는지, 어떻게 보이는지, 또 어떻게 봐야 하는지 등에 대한 실질적인 정보를 찾기가 쉽지 않다. 이러한 이유로 장비를 구입한 후에는 달이나 행성, 몇몇 밝은 별을 한두 번 보고 나서는 다시 서랍 속으로 들어가는 경우가 많다. 쌍안경 관측 가이드로서 가장 적합한 자료를 찾던 중 눈에 띈 책이 바로 『Binoculer Highlights』였다.

이 책은 아마추어 천문가를 위한 월간지 〈Sky & Telescope〉의 편집자인 게리 세로닉이 '쌍안경으로 볼 만한 이달의 천체'를 소개해주는 'Binoculer Highlights' 연재 코너에 실린 글을 책으로 엮은 것이다.

단순히 해당 천체에 대한 소개에 그치는 것이 아니라 천체의 위치와 특징, 천체를 보다 쉽게 찾는 방법, 광해 차이가 많이 나는 시골과 도시에서

역자 서문

별들이 실제로 어떻게 보이는지까지 자세히 설명하고 있어, 쌍안경은 물론 작은 천체망원경을 구입해 천체관측에 처음 입문하려는 분들이 이 책을 활용해 보다 쉽게 밤하늘에 접근할 수 있도록 실질적인 가이드를 제시하고 있다.

특히 각 천체를 찾기 쉽게 표시한 성도가 있어 초심자뿐만 아니라 중급자들도 평소 쌍안경으로 별을 보고 싶을 때 언제 어느때고 펼쳐들고 원하는 천체를 쉽게 찾을 수 있게 한 활용도 만점의 쌍안경 관측서이다.

저자의 풍부한 경험이 독자들께 잘 전달되기를 바라며, 이 책과 함께 쌍안경으로 밤하늘을 즐겁게 산책하기를 바란다.

용인에서 박성래

Sky & Telescope : Craig Michael Utter

쌍안경 고르기

별을 보려면 천체망원경이 필요할 거라고 생각하는 사람들이 많을 것이다. 하지만 천체관측의 경험이 많은 천문가들은 대부분 쌍안경을 가지고 있다. 왜 그럴까? 가장 큰 이유는 밤하늘을 바로 볼 수 있기 때문이다. 마치 인스턴트 음식을 먹는 것처럼 쌍안경을 그냥 손에 쥐기만 하면 된다.

쌍안경의 또 다른 매력은 천체망원경으로 보는 것보다 훨씬 넓게 하늘을 볼 수 있다는 것이다. 밤하늘을 넓게 보고자 할 때는 쌍안경만 한 것이 없으며, 또한 넓게 퍼져 있는 천체를 살필 때 쌍안경으로 보는 것이 가장 잘 보이는 경우도 있다.

저렴한 가격 역시 초보자들에게 매력적이다. 꽤 괜찮은 수준의 쌍안경이 입문용 천체망원경보다 저렴한 경우도 있을 정도다.

또한 천체망원경으로 볼 때는 대상의 상하좌우가 뒤집어져서 보이지만,

쌍안경이 천체망원경에 비해 뛰어난 점 한 가지는 보다 넓은 영역의 하늘을 한 번에 보여준다는 점이다. 왼쪽의 사진을 통해 일반적인 천체망원경의 저배율에서 볼 수 있는 플레이아데스 성단의 모습보다는 쌍안경(10×50 쌍안경)으로 보는 것이 훨씬 드라마틱하다는 것을 알 수 있다.

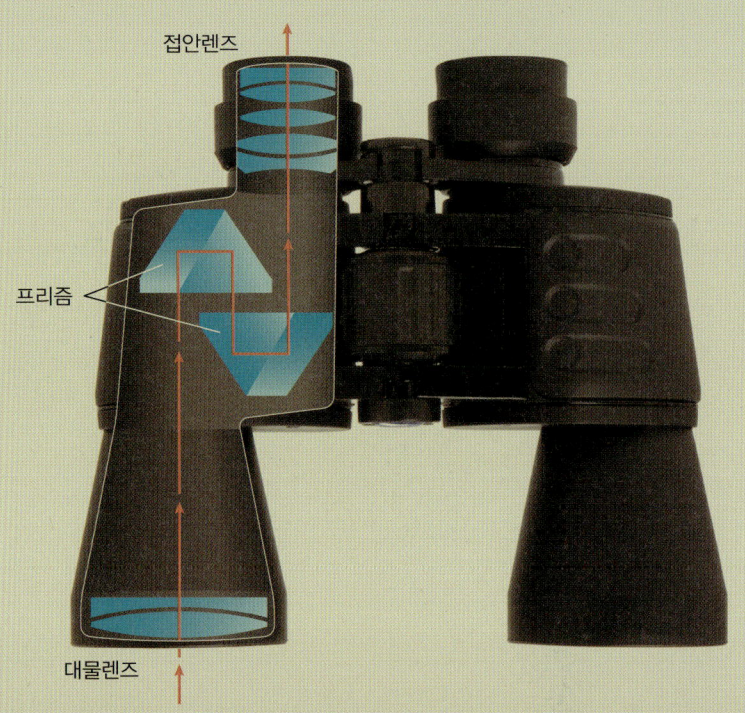

쌍안경은 대물렌즈, 프리즘, 접안렌즈의 세 부품으로 이루어져 있다. 대물렌즈는 빛을 모으고, 접안렌즈는 확대를 하며, 프리즘은 대물렌즈에서 모은 빛을 접안렌즈로 보내는 역할을 한다.

Sky & Telescope : Gregg Dinderman

쌍안경은 우리가 실제로 보는 것과 똑같은 방향으로 하늘을 보여주기 때문에 맨눈으로 하늘을 보다가 쌍안경의 확대된 영상을 보게 되더라도 천체망원경에 비해 상대적으로 적응하기가 쉽다.

어쩌면 여러분은 쌍안경을 이미 가지고 있을지도 모른다. 10년도 더 전에 장롱 속에 처박힌 채 기억 속에서 잊혀진 쌍안경이 있는지 한번쯤 찾아보자. 비록 렌즈의 상태가 세계 최고는 아니겠지만, 그냥 육안으로 보는 것보다는 훨씬 더 많은 것을 볼 수 있다. 이렇듯 쌍안경은 별 관측에 유리한 점이 많다.

숫자의 해석

쌍안경의 중요한 특징인 배율과 대물렌즈의 지름은 대부분 두 개의 숫자로 표시된다. 쌍안경의 접안렌즈 부근에는 이 정보가 표시돼 있는데, 일반적으로 7×50 혹은 8×40과 같거나 유사한 형식을 띄고 있다. 첫 번째 숫자는 배율(맨눈으로 보았을 때와 비교하여 물체가 얼마나 더 가까이 있는가 하는 정도), 두 번째 숫자는 mm 단위로 표현한 대물렌즈의 지름을 의미한다. 예를 들어 10×50 쌍안경의 경우, 배율은 10배(맨눈으로 본 것보다 물체가 10배 가까이 있는 것처럼 보임), 대물렌즈의 지름은 50mm인 것이다.

쌍안경에는 시야각을 나타내는 숫자도 새겨져 있다. 예를 들어 '367ft/1000yds'라고 표시돼 있는 쌍안경으로 1,000yd(약 914.4m) 떨어져 있는 아주 큰 빌딩을 본다면, 그 빌딩의 가로와 세로 각각 367ft(약 111.8m)의 영역을 볼 수 있게 되는 것이다.

하지만 천문학에서의 거리는 수백만, 수천만 km이기 때문에 다른 종류의 단위를 사용해야 의미가 있어진다. 천문학자들은 하늘에서의 거리를 각도(°)로 측정한다. 수평선에서 바로 머리 위(천정)까지의 거리는 90°이며, 달의 크기는 약 1/2°이다. 다행히도 'ft/1000yd' 방식으로 표현되는 시야각을 각도로 바꾸는 방법은 간단해서 ft 부분의 숫자를 52.4로 나눠주면 된다. 위의 예에서 사용한 쌍안경의 경우, 시야각이 약 7°(367/52.4)인 것이다. 만약 쌍안경에 미터법(예: 112m/1km)으로 표시되어 있다면, 앞의 숫자를 16으로 나누면 된다.

쌍안경의 표면에 새겨져 있는 숫자를 이해하는 것은 별을 볼 때 적합한 쌍안경을 고르는 데 도움이 된다.

어떤 쌍안경을 구입할 것인가?

자, 그렇다면 별을 볼 때 어떤 배율과 대물렌즈 지름을 가진 쌍안경이 좋을까? 간단히 답하자면 10×50이다. 이것을 자세히 알아보자.

별을 보는 데 있어서 빛을 잘 모으는 것은 대단히 중요하다. 일반적으로 대물렌즈의 지름이 클수록 보다 많은 빛을 모을 수 있기 때문에 50mm짜리 쌍안경이 35mm보다 좋은 선택이라 할 수 있다.

그런데 큰 것이 좋다면서 왜 70mm나 100mm짜리 쌍안경은 권하지 않는 것일까? 큰 쌍안경은 무거워서 다루기도 힘들고 시야각도 좁기 때문이다. 수년 동안 별을 보아오면서 50mm 쌍안경이 성능과 다룰 수 있는 크기의 한계 사이의 균형점에 놓여 있다는 것을 깨닫게 되었다.

최적의 배율에 대해 생각해보면 상황은 좀 더 복잡해진다. 보통은 쌍안경의 배율이 낮을수록 보다 넓은 영역의 하늘을 보여준다. 넓은 하늘을 볼 수 있다는 것은 목표를 더 쉽게 찾을 수 있다는 의미이다. 하지만 우리는 보다 더 높은 배율로 자세히 보고 싶어 하는 욕망이 있다.

그렇다면 왜 15×나 20× 쌍안경을 구입하지 않는가? 그 이유는 배율이 높을수록 시야가 좁아지기 때문에 밤하늘의 특정한 대상을 향하는 것이

숫자 비교하기

종류가 각각 다른 쌍안경의 성능을 비교하기 위해 배율과 대물렌즈의 숫자를 활용할 수 있다. 단순히 각 숫자를 곱하면 되는데, 예를 들어 10×50 쌍안경의 성능을 500이라고 한다면, 8×40 쌍안경의 성능은 320이므로 10×50 쌍안경이 더 잘 보인다고 판단할 수 있다.

로이 비숍(Roy Boshop)이 캐나다 왕립천문학회에서 발행한 『관측자 안내서(Observer's Handbook)』를 통해 쌍안경의 성능을 비교하기 위한 방법으로써 최초로 제안했으며, 경험상 필자도 이 의견에 동의한다. 배율과 대물렌즈의 지름 사이에는 아주 밀접한 관계가 있다는 것이 요점이며, 단순히 큰 쌍안경이나 고배율 쌍안경이 잘 보여주는 것은 아니라는 것을 시사한다.

쉽지 않기 때문이다. 또한 배율이 높아질수록 쌍안경을 안정적으로 볼 수가 없기 때문에, 여러 가지를 고려했을 때 10× 쌍안경이 천체관측에 가장 최적이라 할 수 있다.

또 다른 특징들

카메라 가게의 쌍안경 코너나 인터넷의 쌍안경 광고를 보면 제품의 다양한 특징이 소개되어 있다. 다행히도 대부분의 내용은 무시해도 상관없지만, 몇 가지 사항에 대해서는 알고 있어야 한다.

삼각대 소켓 쌍안경 전면에 있는 플라스틱 마개 아래에 숨겨져 있는 삼각대 소켓에는 표준의 카메라 삼각대에 연결이 가능한 직각 형태의 삼각대 어댑터를 장착할 수 있다. 이 소켓을 통해 쌍안경을 삼각대나 다른 지지

왼쪽 사진과 같이 삼각대 어댑터를 사용하면 쌍안경을 카메라 삼각대에 손쉽게 부착할 수 있다. 대부분의 쌍안경에는 1/4-20 나사산 규격의 소켓(대체로 플라스틱 캡 아래에 숨겨져 있다)이 있어서 어댑터 등을 부착할 수 있다.

기구에 연결하여 보다 안정적인 관측이 가능하다.

중앙부 초점 조절 장치 쌍안경의 초점을 조절하는 방법은 중앙부 초점 조절 방식(대부분의 쌍안경에서 사용되고 있다)과 각각의 접안렌즈에서 초점을 조절하는 두 가지 방식이 있다.

중앙부 초점 조절 장치의 경우 접안렌즈 사이에 있는 초점 조절 나사를 움직여 쌍안경 양쪽의 초점을 동시에 조절한다. 이러한 설계 방식의 쌍안경은 초점을 빠르고 쉽게 조작할 수 있다. 반면 각 접안렌즈의 초점을 별도로 조작하는 방식은 구조적으로 단순하며 내구성이 우수하다. 하지만 양쪽의 접안렌즈를 각각 조작하는 것은 불편하기 때문에 중앙부 초점 조절 방식을 선택하는 것이 좋다.

신경 쓰지 않아도 되는(혹은 쓸데없이 돈을 지불하지 않아도 되는) 항목이 몇 개 더 있다.

루프(Roof) 프리즘 vs 포로(Porro) 프리즘 쌍안경 접안렌즈가 대물렌즈보다 서로 안쪽으로 가깝게 모인 구조의 쌍안경은 포로 프리즘을 사용한다. 반면 접안렌즈가 대물렌즈와 직선상에 놓이는 직선적 디자인의 쌍안경은 대부분 루프 프리즘이다.

어떤 설계 방식을 사용하든지 고품질의 쌍안경을 만들 수 있기 때문에 어느 방식이 더 좋다고 말하기는 어렵다. 하지만 루프 프리즘 방식이 더 고가이다. 위상 코팅(Phase coat)이 생략된 루프 프리즘 쌍안경은 상대적으로 어둡고 콘트라스트가 낮기 때문에 피해야 한다.

BK7 프리즘 vs BaK4 프리즘 쌍안경 내부의 프리즘 제작에 사용되는

대형 쌍안경으로 보는 밤하늘은 아주 인상적이지만, 그 크기와 무게 때문에 튼튼한 가대와 삼각대가 필요하다.

유리의 소재를 의미한다. BaK4 프리즘이 잠재적으로 더 나은 성능을 보이긴 하지만 그 차이는 미미하다.

대형 쌍안경 대물렌즈 지름이 70mm 이상인 쌍안경은 의문의 여지 없이 정말 놀라운 상을 보여준다. 하지만 솔직히 말해 필자는 대형 쌍안경을 별로 좋아하지 않는다. 지난 몇 년 동안 여러 가지 제품을 보유했었지만, 결국에는 전부 선반 위에서 먼지를 뒤집어쓰는 신세가 되어버렸다.

대형 쌍안경은 상대적으로 시야가 좁고, 설치가 귀찮으며, 튼튼한 삼각대와 고정시켜주는 가대(Mount)를 필요로 하는데, 이런 불편함이 장점을 상쇄시켜버린다. 많은 장비를 들고 다녀야 하며, 3° 이하의 시야만 얻을 수 있다면 차라리 천체망원경을 사용하는 편이 낫다.

쌍안경 광학 성능 : 좋은 것, 나쁜 것, 이상한 것

천체관측에는 쌍안경이 상당히 많이 사용되며, 밤하늘처럼 광학계의 성능을 분명하게 보여주는 것도 없다. 낮에 새를 보거나 다른 물체를 관찰했을 때는 꽤 괜찮았던 쌍안경이 정작 밤하늘의 별을 볼 때는 충분한 성능을 발휘하지 못하는 경우도 있다.

그렇다면 광학계의 성능을 어떻게 알아볼 수 있을까? 가장 좋은 방법은 구입하기 전에 시험해보는 것이다. 다음에 소개할 두 가지의 간단한 확인 방법을 이용한다면 심각한 문제는 피해갈 수 있다.

선명도(sharpness) 확인하기 상의 중심에 별을 넣고(낮에 테스트를 할 경우에는 멀리 떨어진 전봇대 위에 있는 애자에 반사된 햇빛을 이용한다) 초점을 정확히 맞춘다. 그 다음에 쌍안경을 천천히 움직여 별 혹은 애자(전선을 전봇대의 어깨쇠에 고정시키고 절연하기 위해 사용하는 지지물)에 반사된 빛이 상의 가장자리에 오도록 한다. 이때 별이 여전히 선명하게 보이는가? 아니면 흐릿해지는가?

대부분의 쌍안경은 화각의 가장자리 부분에서 별이 선명하게 보이지 않는다. 하지만 좋은 쌍안경의 경우 화각의 가장자리에서도 선명한 상을 보여준다. 한편 품질이 나쁜 쌍안경의 경우 화각의 중심 부분에서만 선명한 상을 보이며, 어떤 것은 중심에서조차 흐릿하게 보인다.

광축 정렬 상태 확인하기 쌍안경을 사용하면서 눈에 피로(때로는 두통을 유발하기까지 한다)를 주지 않기 위해서는 쌍안경의 양쪽이 평행해야 한다. 즉, 광학적으로 나란히 정렬되어 있어야 한다.

쌍안경을 삼각대 위에 고정시키거나 사다리 등과 같이 움직이지 않는 곳에 얹어놓고, 멀리 떨어진 빌딩을 향하게 한 후(몇 블록 이상 떨어진 빌딩이어야 한다. 멀면 멀수록 좋다) 초점을 맞춘다. 이제 쌍안경의 오른쪽을 들여다보면서 가장 오른쪽 끝과 왼쪽 끝에 무엇이 보이는지 기억한 상태로 쌍안경의 왼쪽에서 보이는 상과 어떻게 다른지 비교해본다. 쌍안경의 양쪽 모

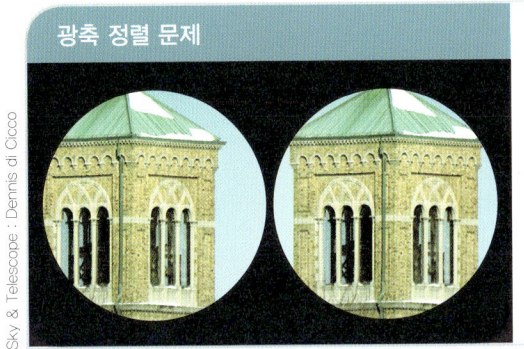

광축 정렬 문제

쌍안경의 정렬 상태를 빠르게 확인하게 위해서 각각의 경통에서 보이는 상을 비교하여 차이가 있는지 확인한다. 왼쪽 그림의 경우 멀리 떨어져 있는 건물이 수평 방향으로 차이가 있다는 것을 알 수 있으며, 이는 심각한 문제가 있음을 의미한다.

두에서 똑같은 것이 보이는가?

다음에는 같은 과정을 위에서 아래로 진행한다. 역시 같은가? 만약 오른쪽에 보이는 상과 왼쪽의 상이 다르게 보인다면 그 쌍안경은 구입하지 않는 것이 좋다.

물론 좋은 쌍안경과 나쁜 쌍안경을 구분하는 요소는 훨씬 더 많이 있다. 하지만 광축 정렬이 잘 되어 있고, 전반적으로 선명한 상을 보여준다면 적어도 사용은 가능하다.

싸구려 쌍안경의 매력

필자는 예전에 전자제품 가게에서 완벽하게 작동하는 10×50 쌍안경을 단돈 30달러에 구입한 적이 있다. 이는 잘만 고르면 적은 돈으로도 좋은 쌍안경을 고를 수 있다는 것을 보여준다. 그렇다면 이보다 10배의 돈을 더 들이면 얼마나 더 좋은 쌍안경을 구할 수 있을까? 그러나 실상은 기대 이하이다. 물론 더 비싼 쌍안경일수록 더 좋은 광학계를 가지고 있어 빛을 보다 더 잘 모을 수 있고, 선명한 이미지를 보여줄 것이다. 하지만 그 차이가 밤과 낮의 차이만큼 크지는 않다.

돈을 더 들임으로써 얻을 수 있는 것은 기계적인 품질 부분이다. 고가의 쌍안경일수록 자주 사용함으로써 발생하는 충격에 견디는 내구성이 좋으며, 초점을 조절하는 기계적인 부분의 구조가 확실하고 정확하다.

단단히 고정하자 : 쌍안경 가대

쌍안경을 볼 때 상이 흔들리지 않게 고정하는 것은 쌍안경 자체의 품질만큼이나 중요하다. 상이 흔들리게 되면 쌍안경의 광학계가 모은 빛을 제대로 볼 수 없기 때문이다.

쌍안경의 무게와 배율이라는 두 가지의 요소에 의해 흔들림의 강약이 결정된다. 쌍안경이 무거울수록 근육이 더 많은 일을 해야 하며, 이 때문에 흔들림이 발생한다. 그리고 배율이 높을수록 상은 상하좌우로 빠르게 떨리게 된다. 실제로 10×50 쌍안경에도 적당한 지지 장치를 추가하면 보다 더 잘 보이게 된다. 아래에 몇 가지 지지 장치를 소개한다.

의자 어떤 종류의 의자든 있는 것이 없는 것보다 훨씬 좋다. 좀 더 편안하게 관측할 수 있을 뿐만 아니라, 앉아 있는 상태에서 보다 더 안정적으로 쌍안경을 쥐고 있을 수 있기 때문이다. 등받이가 뒤로 젖혀지고 다리 부분이 위로 올라가는 안락의자가 가장 적격이다.

카메라 삼각대 반쪽짜리 해결책이라 할 수 있다. 삼각대를 사용하면 안정적인 상을 볼 수 있지만 고도가 높은 천체를 보려면 목을 쌍안경 아래로 쭉 내밀어야 하기 때문에 매우 불편해진다.

쌍안경 전용 가대 쌍안경을 흔들림 없이 고정시켜주는 전용 가대가 있다면 편안한 자세로 안정적인 상을 볼 수 있다. 하지만 가격이 비싸고 휴대성이 떨어진다.

카메라 모노포드(monopod) 하나의 다리로 카메라를 지탱하는 모노포드는 개인적으로 가장 선호하는 장비이다. 앉아서 사용할 수 있으며, 안정적인 상을 보는 것은 물론 편안한 자세로 관측하는 것이 가능하다. 끝부분에 나무판을 얹고 그 위에 쌍안경을 올리면(왼쪽 사진 참조) 보다 나은 성능을 제공한다.

쌍안경의 광팬인 앨런 애들러(Alan Adler)는 위의 사진과 같이 우아하면서도 저렴한 방법으로 쌍안경을 고정하는 방법을 제안했다. 나무판을 카메라용 모노포드 위에 부착하고, 그 위에 쌍안경을 올리는 방식이다.

손떨림 보정 기능 탑재 쌍안경

세계 최고의 쌍안경은 손떨림 보정 기능을 탑재한 쌍안경(ISB : Image-Stabilized Binocular)이 아닌가 생각된다. 이 기발한 장치에는 특별한 광학 부품과 전자 부품이 내장되어 있어 손떨림과 진동을 감지해 보정해준다. 아무런 추가 장비 없이 놀라울 정도로 안정된 상을 보여준다는 점이 ISB의 가장 큰 매력이다. 본질적으로 ISB는 호들갑 떨 필요 없이 최소한의 장비만으로 간편하게 밤하늘을 관측하는 쌍안경 천체관측의 진수를 보여준다.

지난 몇 년간 필자는 매우 다양한 종류의 ISB를 보유했고, 이를 실험해 보았다. 지금 필자가 가장 좋아하는 것은 캐논에서 제작한 10×42 제품이다. 뛰어난 광학 부품과 손떨림 보정 기능이 결합된 제품으로 아주 강력한

캐논에서 만든 손떨림 방지 기능이 내장된 쌍안경은 천체관측에 가장 이상적이다. 사진의 왼쪽에 있는 10×42s는 광학계도 우수하지만 천체관측에 이상적인 쌍안경의 스펙에 가까우며, 이보다 작은 10×30s는 성능이 좋으면서도 가격이 저렴하다.

천체관측용 쌍안경이라 할 수 있다. 하지만 이 놀라운 쌍안경은 결코 저렴하지 않아 1,000달러 이상 지불할 각오를 해야 한다.

예산이 중요한 천체관측자라면 캐논의 10×30 ISB가 적당하다. 소비자 가격이 300달러 이하면서도 뛰어난 광학계를 가지고 있다. 비록 대물렌즈의 구경이 좀 작기는 하지만 실제 야외 테스트를 통해 기존의 7×50 쌍안경만큼 보인다는 것을 확인했다. 이 캐논 10×30 쌍안경은 여행에 들고 갈 수 있을 정도로 작고 가벼우면서도, 이 정도 크기의 쌍안경에서 기대할 수 있는 것 이상의 성능을 보여준다. 필자 역시도 현재 보유하고 있는 쌍안경 중에 10×30을 가장 많이 사용하고 있다.

마무리

이번 장에서는 쌍안경을 고르는 방법에 대한 모든 것을 알아보았다. 밤하늘을 즐기는 데 있어서 장비가 전부는 아니며, 쌍안경도 단순한 도구에 불과하다. 하지만 아무것도 없는 것보다는 쌍안경으로 보는 것이 훨씬 낫다. 무엇보다 중요한 것은 밖으로 나가 밤하늘을 보고, 밤하늘의 보석을 찾으며 별빛을 빨아들이는 것이다. 이렇게 밤하늘을 바라볼 때 손에 쥐고 있는 쌍안경 대신 우주의 아름다움에 대해 생각하게 될 것이다.

WINTER 겨울

CHAPTER 1

12월 · 1월 · 2월

기린자리	켐블의 캐스케이드, NGC 1502
페르세우스자리	이중성단 NGC 884, NGC 869, 페르세우스자리 알파별 성협, M34, 알골(Algol)
황소자리	플레이아데스 성단(M45), 히아데스 성단, NGC 1647
마차부자리	M36, M37, M38
쌍둥이자리	M35, NGC 2158
오리온자리	베텔게우스, M42, Struve747, NGC 1981
큰개자리	M41
외뿔소자리	M50
고물자리	M46, M47, NGC 2477, NGC 2451

행성상성운 ⊕
구상성단 ⊕
산광성운 ⬡
산개성단 ⭘
변광성 ○
은하 ⬭

성도에 관하여

성도(星圖)는 천체의 위치를 나타낸 지도이다. 이번 장에서 다루고 있는 각각의 성도는 3가지 축척으로 되어 있다. 광시야 성도는 7.5등성, 중간 축척 성도는 8.0등성, 가장 많이 확대된 성도는 8.5등성까지 표현되어 있으며, 모든 성도상의 어두운 원 부분은 일반적인 10×50 쌍안경의 시야 범위를 의미한다.

기린자리

켐블의 캐스케이드, NGC 1502

　인간의 눈과 뇌는 혼돈 속에서 규칙을 찾는 재주가 뛰어나다. 별자리가 그 예라고 할 수 있다. 별을 보다 보면 때때로 수많은 성군(星群, Asterism. 별자리 속에 포함되어 있는 별의 작은 패턴)을 발견하게 된다. 그 패턴의 모양은 보는 사람에 따라 제각각이다. 하지만 기린자리에 있는 켐블의 캐스케이드(Kemble's Cascade. Cascade는 무언가 한 줄로 죽 늘어선 모양을 의미한다. - 역자 주)라고 하는 별무리는 이 규칙에서 예외이다.

　1996년, 필자는 그 전날 찍었던 하쿠타케 혜성 사진을 살펴보다 이 성군을 처음 만나게 되었다. 혜성으로부터 그리 멀지 않은 곳에 있던 이 성군은 밝기가 비슷한 약 20개의 별들이 길고 곧은 직선의 형태를 이루고 있었다. 너무 인위적으로 보여 처음엔 네거티브 필름에 생긴 상처라고 생각했다.

　어쨌든 이 별은 1980년 월간 〈Sky & Telescope〉의 한 칼럼을 통해 그 이름을 얻게 되었다. 당시 월터 스콧 휴스턴은 캐나다의 아마추어 천문가인 루시언 J. 켐블로부터 받은 편지를 칼럼에 소개했는데, 켐블의 편지 내용 중 "어두운 별들이 늘어서 있는 아름다운 캐스케이드"라는 묘사가 이름으로 연결된 것이다.

　켐블의 캐스케이드는 광해가 심한 곳에서도 볼 수 있다. 교외에 있는 필자의 집 뒷마당에서도 손떨림 방지 장치가 있는 10×30 쌍안경을 이용해 쉽게 찾을 수 있었다. 별의 밝기가 8~9등급이기 때문에 당연히 어두운 곳으로 갈수록 더 잘 보인다. 관측 조건이 좋은 곳에서는 왼쪽의 성도보다 더 많은 별을 볼 수 있다.

　켐블의 캐스케이드는 산개성단 NGC 1502 근처에서 끝난다. NGC 1502는 7등성을 중심으로 보다 어둡고 빽빽한 별들이 둘러싸고 있으며, 10×30 쌍안경으로 쉽게 찾을 수 있다.

페르세우스자리

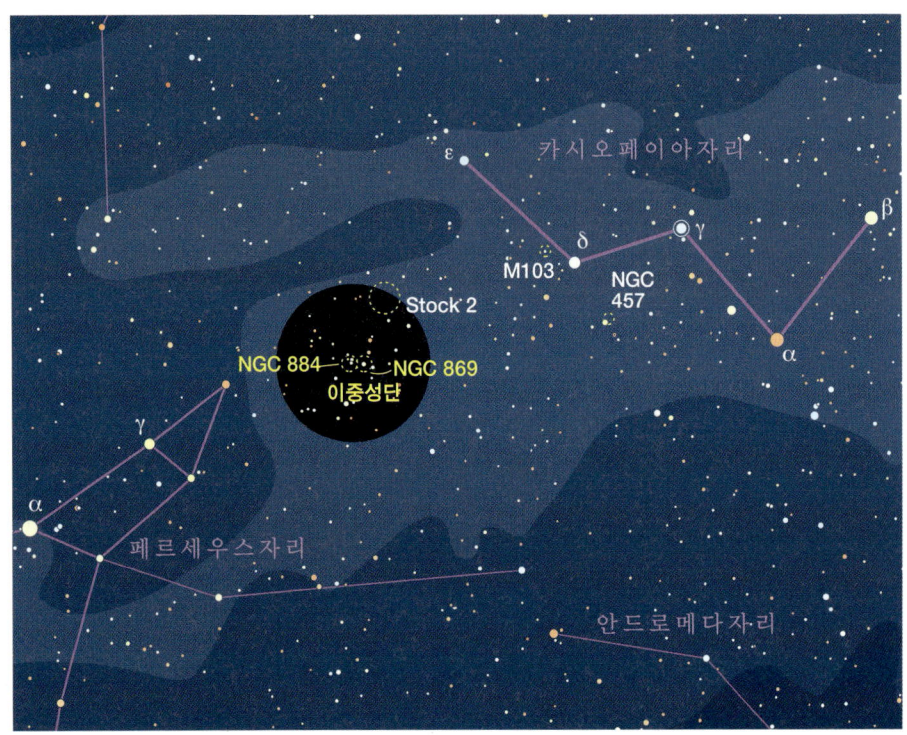

장엄한 이중성단 : NGC 884, NGC 869

　북반구에 살고 있는 천문가가 어느 정도 광해가 있는 교외 지역에서 인상 깊게 볼 수 있는 천체는 10여 개가 채 되지 않을 것이다. 그중에서 두말할 것도 없이 페르세우스자리 이중성단이 쌍안경으로 가장 멋지게 보이는 천체라고 생각한다. 어두운 밤하늘에서 이 별무리를 보게 되면, 쌍안경 관측을 못 미더워하는 관측자들에게 쌍안경 관측의 장점을 납득시킬 수 있을 것이다.

　이 이중성단(NGC 884와 NGC 869)은 페르세우스자리와 카시오페이아자리 사이에 은하수가 진하게 뻗어 있는 부분에 위치하고 있다. 산개성단은 우리은하의 평면 주변에서 생성된다는 사실을 기억하자. 이중성단은 지구에서 약 7,600광년 떨어져 있으며, 나이는 1,300만 년 정도밖에 되지 않는다.

　시야에 한가득 들어오는 별들을 감상한 후 각각의 성단을 자세히 관찰해보고, 두 성단의 차이점이 느껴지는지 알아보자.

　-한쪽이 다른 쪽보다 별이 더 희박한가?
　-어느 쪽에 밝은 별이 더 많이 있는가?
　-모양은 서로 어떻게 다른가?

　이러한 질문에 답을 찾으려 노력하다 보면 관측 실력이 향상되고, 찾기 어려운 천체를 보다 쉽게 볼 수 있게 된다.

페르세우스자리

페르세우스자리의 알파별 성협

별들의 무리는 그 크기가 매우 다양하다. 어떤 것은 아주 어두운 밤하늘과 큰 망원경이 있어야 볼 수 있는 것에 비해, 어떤 별무리는 맨눈이나 쌍안경으로 봐도 별이 늘어서 있는 모습이 아주 인상적으로 보인다. 페르세우스자리의 알파(α)별을 포함하는 별들의 무리는 후자에 속한다.

이 별들의 집단은 도시의 밝은 하늘 아래에서도 겨울 저녁에 쌍안경으로 쉽게 볼 수 있다. 이곳에 있는 각 별들의 거리와 이동 방향을 측정한 결과, 젊은 별들이 산개성단처럼 모여 있지만 서로 중력으로는 얽혀 있지 않은 성협(星協, 매우 느슨하게 묶여 있는 별의 집단)이라고 천문학자들은 이야기한다.

페르세우스자리 알파별 성협(The Alpha Persei Association)은 7등급 이상의 밝기를 가진 20개 이상의 별로 구성되어 있으며, 알파별과 델타(δ)별 사이에서 3°의 크기로 펼쳐져 있다.

쌍안경으로는 매우 아름답게 보이는데, 필자가 캐나다인이라 그런지 이 성협을 보면 마치 목이 기다란 캐나다 기러기처럼 보인다. 우리의 눈과 뇌는 혼돈과 무질서 속에서 어떤 패턴을 감지하거나 상상하는 선천적인 능력이 있다. 누구든 나처럼 이 성협에서 자신만의 독특한 형태를 볼 수 있을 것이다.

페르세우스자리

쌍안경을 위한 성단 : M34

광해가 있는 지역에서 쌍안경으로 관측할 때 자세한 모습을 볼 수 있는 딥스카이 천체의 개수는 안타깝게도 매우 적다. 쌍안경으로 볼 수 있는 몇 안 되는 은하와 성운을 보려면 하늘이 어두워야 하며, 또한 상대적으로 표면이 밝은 구상성단의 경우에도 광해 때문에 멋진 모습을 보기 어렵다. 하지만 불리한 밤하늘 조건에서도 그나마 산개성단은 잘 보이는 천체라고 할 수 있다. 그중에서도 페르세우스자리에 있는 M34는 비교적 잘 보이는 산개성단으로 꼽힌다.

2000년 6월, 필자는 이 성단이 얼마나 매력이 있는지 확실히 알게 되었다. 어느 무더운 여름날, M34를 통과하는 리니어 혜성(Comet LINEAR)을 보기 위해 일찍 잠에서 깨었다. 성단의 낮은 고도와 교외의 뒷마당 하늘의 밝기에도 불구하고 M34는 근사하게 보였다. 혜성은 잘 보이지 않았지만 성단의 밝은 별들은 10×50 쌍안경으로 쉽게 찾아볼 수 있었다. 보다 나은 관측 조건이라면 이 밝은 별들 주위에 퍼져 있는 어둡고 흐릿한 별들도 함께 볼 수 있을 것이다.

M34는 알골(Algol, 페르세우스자리 베타별)과 황금색의 안드로메다자리 감마(γ)별을 연결한 선에서 약간 북쪽을 훑어보면 쉽게 찾을 수 있다.

페르세우스자리

'악마의 별'을 찾아보자 : 알골(Algol)

가장 흥미진진한 천문 이벤트는 개기일식이 아닌가 싶다. 달 원반이 햇빛을 조용히 가리는 것을 본 적이 있다면 그 순간을 절대 잊지 못할 것이다. 그런데 이 개기일식을 보려면 대부분 장거리 여행을 감수해야 한다. 하지만 관심을 밤하늘로 돌린다면 별이 별을 가리는 식(蝕, Eclipse) 현상을 바로 오늘밤 집 뒷마당에서 관찰해볼 수 있다.

'악마의 별'이라고도 불리는 페르세우스자리 베타(β)별 알골(Algol)은 전형적인 식변광성으로 매 2일 20시간 49분마다 동반성이 주성을 가리며, 밝기가 2.1등급에서 3.4등급으로 어두워진다. 알골의 성식(星蝕)은 자주 일어나고, 쉽게 볼 수 있을 뿐만 아니라, 태양의 개기일식이 겨우 몇 분간 지속되는 것에 비해 무려 10시간 이상 지속된다!

이 알골의 성식은 태양의 일식처럼 화려하진 않지만, 식변광성의 윙크를 관찰해보는 것도 흥미로운 경험이 될 것이다.

알골 및 밝기를 비교할 수 있는 그 주변의 별들은 모두 육안으로 확인 가능한 밝기를 지니고 있으며, 찾기가 쉽다(왼쪽 페이지의 성도에서 별의 밝기는 소수점을 생략해 표현했다. 예를 들어 숫자 38이 붙어 있는 별이 있다면 밝기가 3.8등급이라는 의미이다). 알골은 쌍안경으로 보기 좋은 곳에 위치하고 있으며, 북두칠성의 국자 부분이 조금 찌그러진 듯한 모양으로 약 2°에 걸쳐서 퍼져 있는 사다리꼴 북동쪽 꼭짓점에 위치하며, 이 사다리꼴의 남동쪽 꼭짓점에는 붉은색 별이 위치하고 있다. 알골의 밝기는 안드로메다자리 감마(γ)별과 비교하면 좋다.

황소자리

플레이아데스 성단(M45)

쌍안경으로 멋지게 볼 수 있는 밤하늘의 천체를 꼽는다면 플레이아데스 성단은 단연 상위에 오를 것이다. 이 성단은 오래전부터 "놀라운", "숨막히는", "매우 아름다운" 같은 최상의 수식이 함께해왔다. 맞는 말이지만 이런 표현만으로는 쌍안경으로 보는 플레이아데스 성단의 아름다움을 정확히 전달하지 못한다. 이 성단을 한 번이라도 직접 보고 경험한다면 앞의 진부한 표현들을 넘어서는 진정 경이로운 아름다움을 이해하게 될 것이다.

플레이아데스 성단에서 작은 국자(작은곰자리 – 역자 주)와 비슷한 모양을 하고 있는 5개의 밝은 별이 눈에 띈다. 하지만 주변에 흩뿌려져 있는 어두운 별들이 이 밝은 별들을 돋보이게 하는 것이기에 필자에게 플레이아데스 성단은 더욱 특별하게 느껴진다. 특히 성단 안에서 국자의 손잡이 모양으로 완만하게 늘어서 있는 7등성 5개와 분해해서 보기 매우 어려운 8등급의 이중성인 South 437을 국자 한가운데서 찾아보는 것도 플레이아데스 성단을 보는 또 다른 즐거움이다.

사람들을 평생 하늘에 빠지게 만드는 천체 목록에는 토성의 고리, 달 표면의 크레이터와 함께 플레이아데스 성단도 그 이름이 나란히 올라갈 정도다. 레슬리 펠티에(Leslie Peltier, 미국의 아마추어 천문가로, 12개의 혜성을 발견하고 그중 10개에 그의 이름이 붙여졌으며, 약 60년간 13만 2,000개의 변광성을 관측했다. – 역자 주)는 그의 자서전 『별빛의 밤(Starlight Nights)』에서 "1905년 부엌 유리창을 통해 플레이아데스 성단을 본 이후로 천문을 시작하여 평생 별을 보게 되었다"고 밝히기도 했다. 어쩌면 플레이아데스 성단이 독자에게도 영감을 불어넣어줄지도 모를 일이다.

황소자리

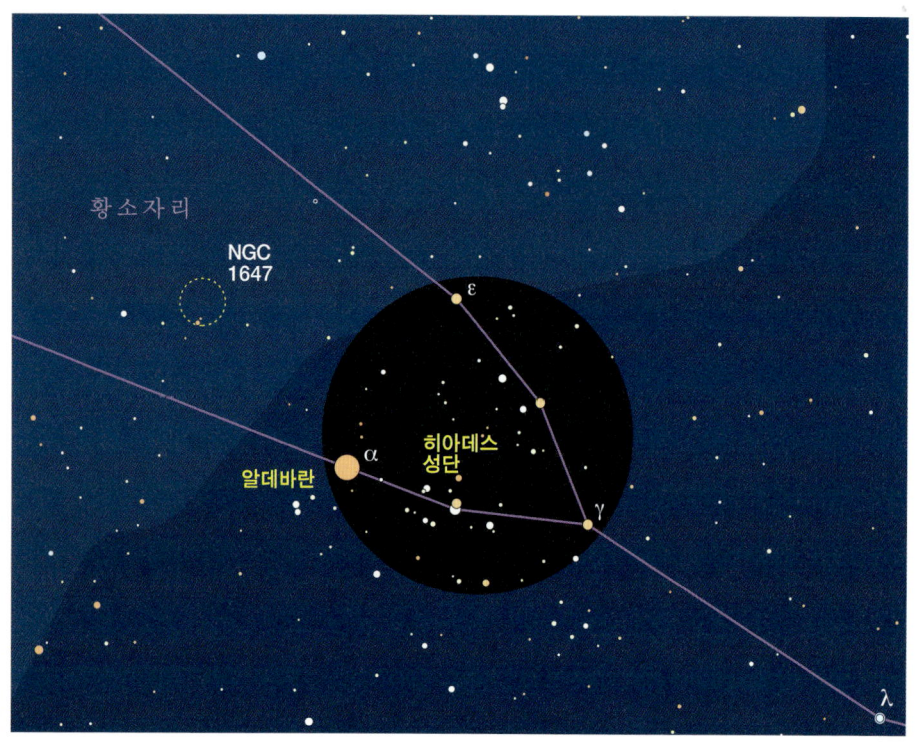

히아데스 성단

　천체 관측에 처음 입문한 사람들은 흔히 천체망원경으로 하늘을 봐야 가장 잘 보일 거라고 생각한다. 물론 의심의 여지없이 빛을 모으는 능력이나 분해능에 있어서 적당한 크기의 망원경이 일반적인 7×50이나 10×50 쌍안경보다 어두운 것을 더 선명하게, 작은 천체의 모습을 더 자세히 보여준다.

　하지만 하늘의 넓은 영역을 한번에 보아야 할 경우에는 쌍안경이 최고라고 할 수 있다. 특히 황소자리에 있는 히아데스 성단처럼 아주 커다란 성단을 한눈에 볼 때 쌍안경의 위력을 확인할 수 있다.

　히아데스 성단은 지구에서 150광년 거리에 있는 가장 가까운 성단 중의 하나이며, 하늘에서 $6°$에 걸쳐 퍼져 있다. 이 성단은 천체망원경으로 보면 별도 몇 개 없는 시시한 천체로 보이지만, 쌍안경으로 볼 때 그 진가를 제대로 확인할 수 있다. 시야에 가득 들어오는 별들은 작은 별자리처럼 보이기도 하고, 기하학적인 모습으로 보이기도 한다.

　여기서 가장 밝은 별은 지구로부터 65광년 떨어진 오렌지색의 알데바란인데, 실제로 히아데스 성단의 구성원은 아니다. 하지만 쌍안경의 시야 안에서 보이는 알데바란의 존재감이 크기 때문에 그냥 성단의 구성원으로 생각해도 나쁘지 않을 것이다.

황소자리

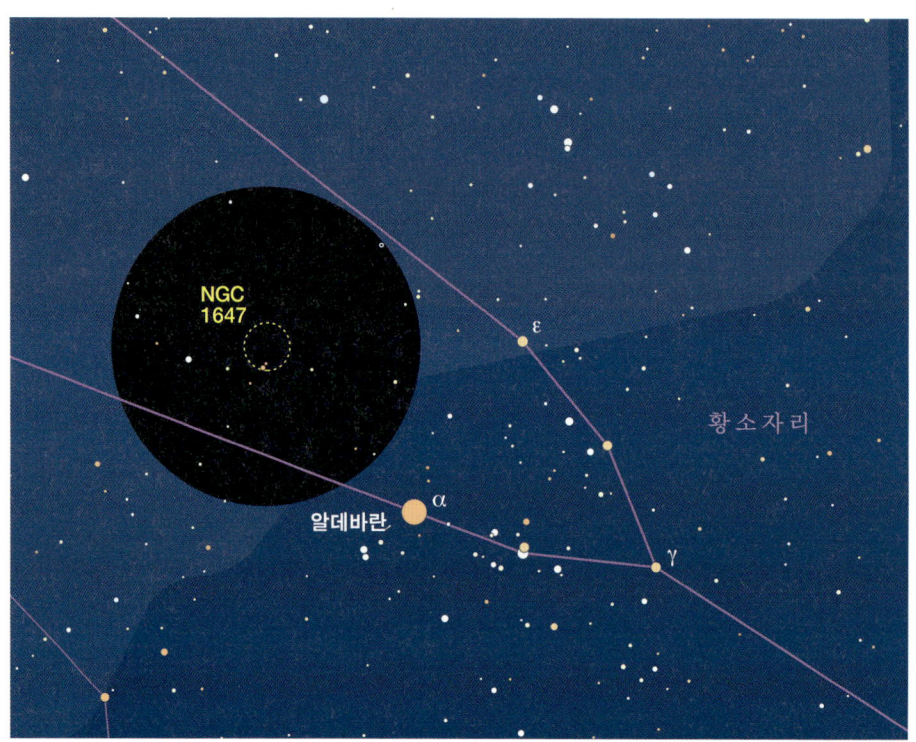

게 성단 NGC 1647

황소자리에는 플레이아데스 성단이나 히아데스 성단처럼 매우 유명한 쌍안경 관측 대상인 천체가 가까이 붙어 있어 이들 사이에 존재감이 없는 가엾은 성단이 하나 있다. 바로 NGC 1647로, 만약 이 자리가 아닌 밤하늘 어디든 다른 곳에만 있었어도 훨씬 더 많은 관심을 받았을 것이다.

이 제멋대로 생긴 성단은 알데바란으로부터 북동쪽으로 약 3과 1/2°(쌍안경 시야의 절반 정도) 떨어진 곳에 위치하고 있다. NGC 1647의 별은 9등급 이하이기 때문이 달 없는 밤에 광해가 없는 곳에서 보아야 가장 잘 볼 수 있다.

손떨림 방지 기능이 탑재된 필자의 15×45 쌍안경으로 보면 이 성단은 마치 게처럼 보인다. 북쪽과 북서쪽을 뻗은 별무리는 게의 집게발처럼 보이고, 외곽에 있는 4개의 밝은 별은 게의 다리 끝부분을, 중앙에 몰려 있는 별무리는 몸통을 구성하는 것처럼 보인다. 아마도 필자가 NGC 1647을 바닷가에서 봤기 때문에 하늘에 떠 있는 갑각류처럼 느껴진 것이 아닌가 싶다.

쌍안경으로 NGC 1647을 보면서 어떤 것이 머릿속에 떠오르는지 관찰해보자. 만약 게가 떠오르지 않는다면 바닷가에 가서 다시 한 번 관찰해보자. 여러분의 상상력에 불이 붙기 시작할 것이다.

마차부자리

마차부자리의 메시에 성단 : M36, M37, M38

쌍안경으로 보았을 때 외형이 아주 인상적인 천체가 있는가 하면, 하늘의 특이한 영역에 위치해 있어 기억에 남는 천체가 있다. 이 두 가지와 더불어 또 하나는 특이한 영역에 있으면서 외형도 인상적인 천체가 있는데, 바로 마차부자리에 있는 산개성단 삼총사 M36, M37, M38이 여기에 속한다. 각각의 천체가 모두 아름답지만, 이 성단을 한번에 볼 때 더 멋지게 보인다.

이 3개의 성단을 한번에 보는 것이 즐거운 이유는 서로 가까이 있어 쉽게 비교할 수 있기 때문이다. 어떤 쌍안경을 이용하느냐에 따라 다르겠지만, 3개의 성단은 쌍안경으로 한 시야에 넣고 보는 것도 가능하다.

광해가 있는 필자의 뒷마당에서 손떨림 방지 장치가 있는 10×30 쌍안경으로 봤을 때는 M36이 셋 중에서 가장 보기 쉬웠다.

M36은 면적이 작으면서도 표면 광도가 높고, 성단 중심으로부터 듬성듬성 뻗어 나온 듯한 별들에 의해 거미 형태의 독특한 외관을 가지고 있다.

이와 반대로 M38은 별다른 특징이 없어 보인다. 단순히 뿌옇고 넓게 퍼져 있으며, 몇 개의 어두운 별들이 불규칙적으로 반짝일 뿐이다. 이러한 특징 때문에 광해로 인해 하늘이 밝은 곳에서는 보기가 쉽지 않다.

M37은 두 이웃의 중간적인 특징을 가지고 있다. M38처럼 흐리게 보이지 않고, 그렇다고 M36만큼 눈에 잘 띄지도 않는다.

이 3개의 성단을 살펴보고, 그 인상이 필자가 느낀 것과 같은지 비교해 보자. 그리고 이 셋을 한 개의 그룹으로 인식해야 한다는 것을 기억해두자. 마차부자리 삼총사는 은하수의 진한 부분을 배경으로 하고 있기 때문에 북반구 하늘에서 쌍안경으로 가장 볼 만한 지역 중 하나를 형성하고 있다.

쌍둥이자리

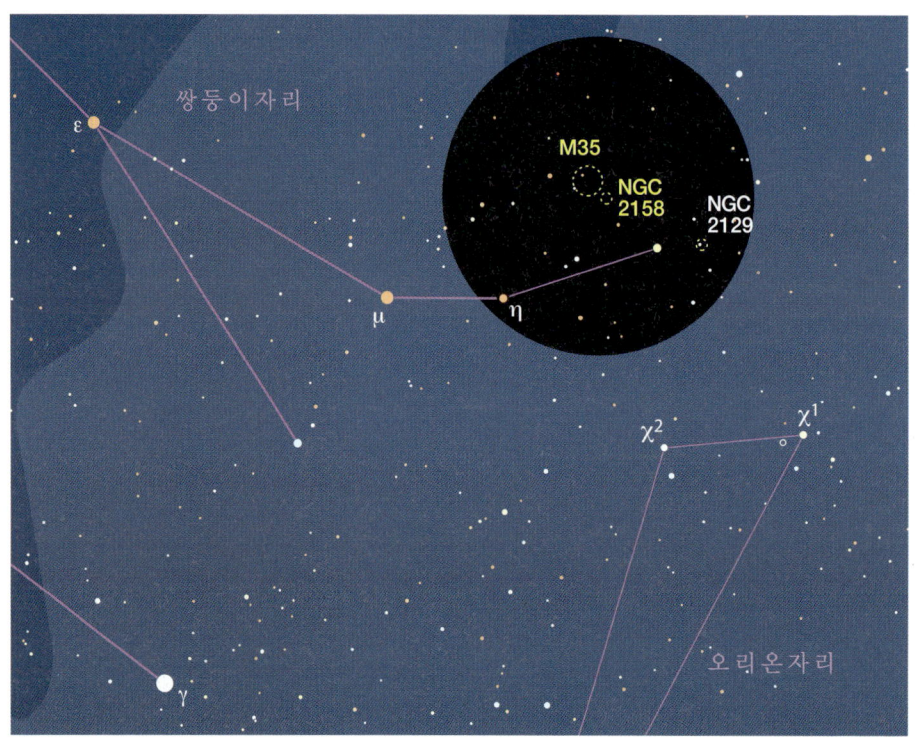

또 하나의 이중성단 : M35, NGC 2158

　페르세우스자리에 있는 이중성단은 쌍안경으로 아름답게 보이는 천체 중의 하나지만, 이보다 조금 덜 유명한 쌍둥이자리의 이중성단도 겨울 하늘에 높이 뜨는 천체이다. 별이 많고 쌍둥이처럼 닮은 페르세우스자리 이중성단과 비교하자면, 쌍둥이자리의 M35와 NGC 2158 산개성단은 전혀 다른 커플이다. M35는 쌍안경으로 쉽게 찾을 수 있는 밝은 성단이지만, NGC 2158은 어두워서 보기가 쉽지 않다. 이 두 성단은 쌍둥이자리의 가장 왼쪽 발끝 근처에 있어서 위치를 찾기가 쉽다.

　M35는 쌍둥이자리에서 쌍안경으로 가장 보기 좋은 천체이다. 필자가 살고 있는 나트륨등으로 둘러싸인 지역에서도 대여섯 개의 밝은 별이 모여 있는 것을 볼 수 있다. 이 밝은 별들은 보다 어두운 별들로 구성되어 있는 둥근 빛덩어리 위를 동서로 가로지른다.

　NGC 2158은 이와는 완전히 다르며, 그냥 보기만 하는 것도 쉽지 않다. NGC 2158을 성공적으로 찾기 위해서는 광해와 달이 없는 어두운 하늘과 단단한 손(혹은 이보다 더 나은 삼각대나 손떨림 방지 기능이 있는 쌍안경), 그리고 10× 이상의 배율이 필요하다. 이 정도로 준비해도 NGC 2158은 M35의 남서쪽 가장자리에 있는 어둡고 작고 흐릿한 빛덩어리로 보인다. 그도 그럴 것이 M35는 지구에서 3,000광년 떨어져 있지만, NGC 2158은 배경에 숨어 있는 것처럼 M35보다 5~6배 더 멀리 떨어져 있다. 흐릿한 NGC 2158의 빛을 보고 있자니 문득 저것은 M35의 허상이 아닐까 하는 생각도 든다.

오리온자리

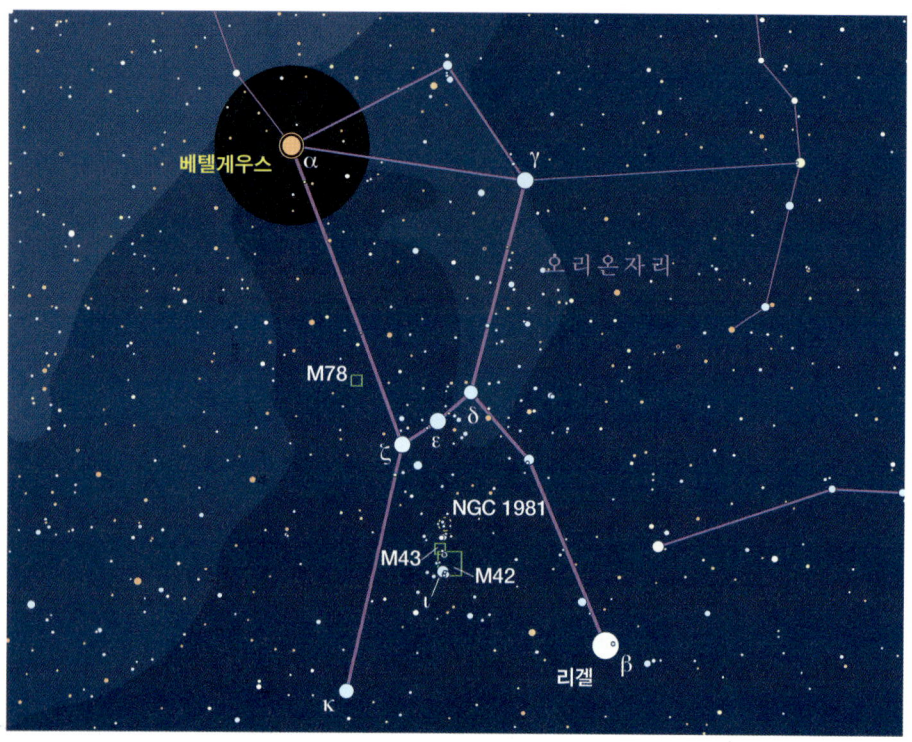

황금의 베텔게우스

별의 색깔을 "피처럼 붉다"거나 "진한 파랑"이라고 표현하는 사람도 있다. 하지만 실제 별의 색상을 보면 미묘한 부분이 있다. 잘 알려진 적색 초거성인 베텔게우스(Betelgeuse, 오리온자리 알파(α)별)가 대표적이다.

베텔게우스는 M형 별이다. 즉, 이 별의 가시광선은 스펙트럼 상에서 노랑, 오렌지, 붉은색이 대부분이다. 하지만 단파장 빛도 나오기 때문에 생각보다는 진한 색을 띠지 않는다.

눈에 들어오는 빛의 양은 별의 색상을 보는 데 결정적인 역할을 한다. 그러므로 색상을 확인하는 데 쌍안경이 도움을 줄 수 있다. 베텔게우스를 맨눈으로 보면 연한 색을 띠고 있는데, 이웃해 있는 차가운 흰색 별인 리겔과 번갈아 보면 색상이 더욱 잘 구별된다. 그러나 쌍안경으로 베텔게우스를 보면 아름다운 황금빛 오렌지색으로 보인다. 그 이유는 다음과 같다.

우리 눈에는 빛을 감지하는 두 가지의 세포가 있다. 간상세포는 어두운 빛에 민감하며, 원추세포는 색상을 구별할 수 있지만 간상세포에 비해 감도는 떨어진다. 어두운 환경에서는 간상세포를 주로 사용하게 되는데, 어두운 별을 보게 되면 색상을 구분할 수 없다. 쌍안경의 빛을 모으는 능력, 즉 집광력에 의해 원추세포가 별의 색을 구별하기에 충분한 빛이 눈에 들어오면 별의 색을 보다 더 잘 볼 수 있게 된다. 하지만 빛이 너무 강하면 오히려 색을 잘 볼 수 없는데, 베텔게우스를 이용한 간단한 실험을 통해 이를 확인할 수 있다.

쌍안경의 초점이 잘 맞은 상태에서 베텔게우스를 보다가 초점을 살짝 흐리게 하면 점으로 보이던 별이 살짝 퍼져 보이는데, 이렇게 함으로써 눈에 과도한 빛이 들어오는 것(과다노출)을 막고, 색을 보다 잘 볼 수 있게 된다. 과다노출이 되면 색상이 원래보다 창백하게(더 하얗게) 보인다.

오리온자리

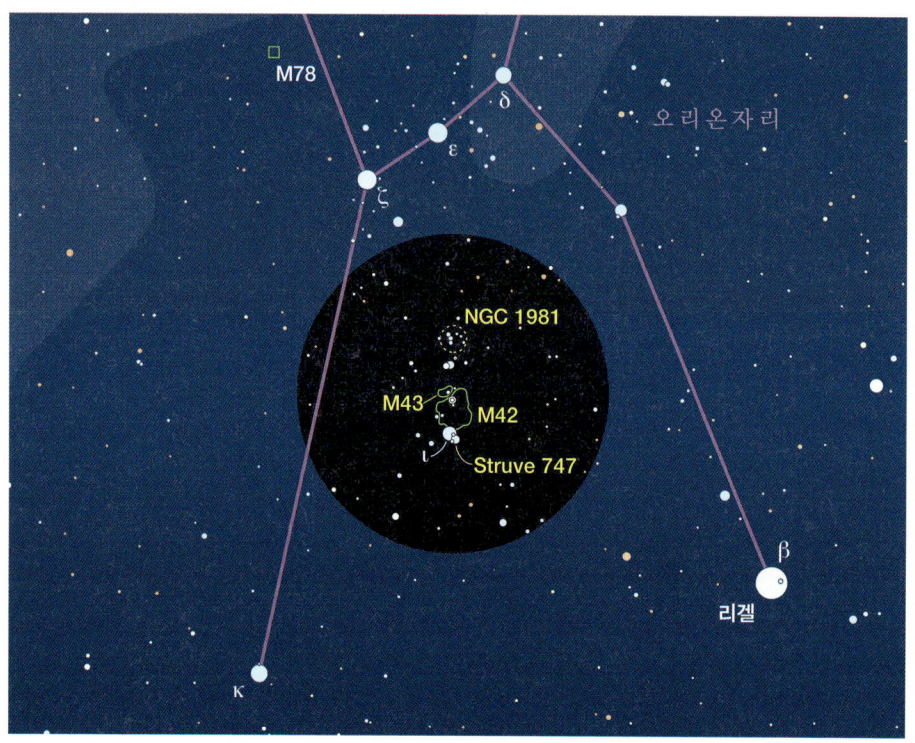

오리온의 검 : M42, Struve 747, NGC 1981

쌍안경으로 관측했을 때 '오리온의 검'보다 더 인상적으로 보이는 지역은 없을 것이다. 이 지역에 있는 성운과 반짝이는 별의 컬렉션을 보고 감명받지 않는 사람이 과연 있을까? 좋은 망원경으로 본 오리온 대성운, M42의 모습은 어느 천체보다 강렬하다. 하지만 쌍안경으로 보면 성운 그 자체뿐만 아니라 그 성운이 고향인 주변 이웃까지 한번에 볼 수 있어 전체적인 맥락을 파악할 수 있다.

오리온의 검은 소삼태성이라 불리는 3개의 주요 천체로 이루어져 있다. 물론 가장 많은 관심이 쏠리는 곳은 M42 그 자체이다. 관측 조건이 좋지 않은 곳에서도 성운기가 3개의 광원을 둘러싸고 있는 것을 볼 수 있는데, 이 3개의 광원은 각각 트라페지움(원래 4개의 별이지만 쌍안경의 낮은 배율 때문에 한 개의 5등성으로 보인다), 5등급의 오리온자리 세타^2(θ^2), 그리고 동쪽 이웃에 있는 6등성이다. 이들을 함께 보면 그 아름다움에 감탄이 나온다.

M42의 남쪽에는 오리온자리 요타(ι)별이 있다. 2.8등성으로 시야 안에서 가장 밝은 별인데, 이 별의 남서쪽 8′(각분) 떨어진 곳을 자세히 살펴보면 Struve 747이라는 이중성을 만날 수 있다. 10×50 쌍안경으로는 4.8등급과 5.7등급의 별로 분해되어 보인다. 하지만 삼각대를 사용할 경우에만 분해가 가능하다. 손떨림 방지 기능이 있는 필자의 15×45 쌍안경으로는 쉽게 분해되어 보인다.

오리온의 검 가장 북쪽에서 볼 만한 것은 느슨한 산개성단인 NGC 1981이다. 광해가 조금 있는 교외의 밤하늘 아래에서도 한 움큼의 별을 볼 수 있다. 화려한 이웃 때문에 종종 무시되곤 하지만, 이 또한 자세히 볼 만한 매력이 분명히 있는 성단이다.

큰개자리

그냥 지나치기는 너무 아까운 산개성단 : M41

큰개자리의 주성인 시리우스만큼 매혹적인 별도 드물 것이다. 쌀쌀한 겨울, 저녁 식사를 마치고 산책을 나가면 눈부신 시리우스에 절로 시선이 향한다. 이 시리우스를 보고자 쌍안경을 이리저리 겨눠본 사람들을 위해 시야의 아래쪽에 선물 M41이 기다리고 있다. 이런 식으로 이 놀라운 별무리가 초보 천문가들에게 얼마나 많이 '발견'되었을까? 물론 M41은 시리우스와 같은 아주 강렬한 이정표가 있기 때문에 찾기도 쉽다.

스테판 제임스 오메라(Stephen James O'Meara)는 그의 책 『메시에 천체(The Messier Objects)』에서 이 풍경을 다음과 같이 아름답게 묘사했다. "큰개자리, 오리온의 큰 사냥개가 차가운 겨울 풍경 위로 떠오를 때 산개성단 M41은 마치 개의 목걸이에 매달려 달빛을 반사하는, 얼음으로 된 인식표와 같다."

M41은 지구에서 약 2,300만 광년 떨어져 있으며, 달빛이 밝거나 광해가 심한 곳에서도 얼음으로 된 인식표에서 대여섯 개의 별이 빛나고 있는 것을 확인할 수 있다.

겨울철 은하수가 빗겨가는 큰개자리의 위치 때문에 이 부근에 별이 아주 많지는 않다. 특히 눈길을 끄는 것은 왼쪽의 성도에 표시되어 있는 한 쌍의 삼각형으로, 하나는 시리우스와 한 시야 안의 북쪽에 있으며, 다른 하나는 시리우스의 남남동쪽에 있다.

비록 여름보다 풍성하지는 않지만, 겨울철의 은하수 역시 아름다운 별들의 고향이다. 다음번 겨울 저녁 산책길에 쌍안경으로 겨울 은하수를 탐험하면서 무언가를 발견할지도 모를 일이다.

외뿔소자리

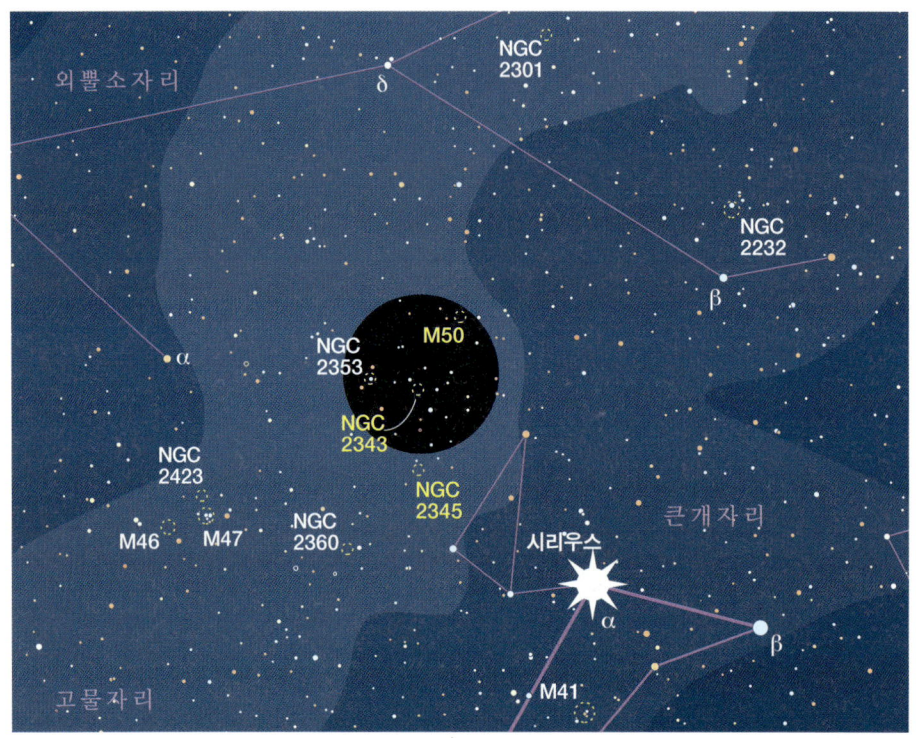

별빛 흐름 속의 M50

밝고 넓은 여름의 은하수는 때로 '빛의 강'에 비유되기도 한다. 이에 비해 겨울철 은하수는 그 폭이 좁긴 하지만 보석을 낚아올릴 만한 가치가 있다는 점에서는 여름과 동일하다. 특히 왼쪽의 성도에 표시된 고물자리의 성단 M46, M47에서 시작해 북서쪽 외뿔소자리로 뻗어나간 부분은 별이 풍부해서 관찰하는 보람이 있다.

M50은 눈부신 시리우스의 북북동 방향에 있는 잘 알려진 산개성단으로, 손떨림 방지 기능이 있는 10×30짜리 쌍안경으로 보면 7등성이 흩뿌려져 있는 배경 위에 타원형 모양의 빛덩어리로 보인다. 광해가 있는 필자의 뒷마당보다 더 어두운 곳에서 보면 훨씬 볼 만하다. 15×45 같은 고배율의 쌍안경을 이용하면 더욱 잘 보이며, 별이 분해되어 보이기도 한다. 하지만 이 정도의 배율을 지닌 쌍안경으로 세밀히 보기 위해서는 쌍안경에 손떨림 방지 장치가 내장되어 있거나 다른 지지대를 통해 잘 고정되어 있어야 한다.

고배율 쌍안경의 장점은 M50의 이웃 천체를 보면 더 잘 드러난다. NGC 2343은 15×45 쌍안경으로도 쉽게 찾을 수 있지만, 10×30 쌍안경으로는 어렴풋이 보인다. NGC 2345는 작은 쌍안경으로는 보이지 않으며, 대형 쌍안경으로도 보기 쉽지 않다. 당연한 말이지만, 이 두 천체 모두 하늘이 어두운 곳에서는 더 찾기 쉽다. 만약 어두운 성단을 찾다가 지쳤다면 은하수를 따라 내려가 다음 페이지에 소개할 밝고 인상적인 M47을 찾아 즐겨보자.

고물자리

밤하늘의 신기한 커플 : M46과 M47

 대부분 30페이지에 있는 페르세우스자리 이중성단을 알고 있을 것이다. 이 성단은 하늘에서 쌍안경으로 가장 보기 좋은 천체 중의 하나라고 할 수 있다. 그러나 이 계절에는 고물자리에 있는 M46과 M47도 꼭 봐야 한다.

 크기와 밝기가 비슷하고 겨우 1과 1/2° 떨어져 있지만, 이 성단 커플은 각각의 독특한 특징이 있다. 스테판 제임스 오메라는 『메시에 천체』에서 이 두 성단의 차이를 "마치 돌과 꽃을 비교하는 것과 같다"고 묘사했다.

 두 성단 중에서 서쪽에 위치한 M47이 더 찾기 쉽다. 성단의 중심에는 대여섯 개의 별이 화살자리의 별과 같은 형태로 모여 있으며, 이 밝은 별들 때문에 달빛이 있거나 광해가 있는 곳에서도 M47을 쉽게 찾을 수 있다.

 이와 대조적으로 M46은 관측 조건이 나쁜 곳에서는 보이지 않는다. 필자가 살고 있는 교외 지역에서는 손떨림 방지 기능이 있는 15×45 쌍안경으로 간신히 볼 수 있었다. 그도 그럴 것이 M46에는 9등급보다 밝은 별이 없기 때문이다. 어두운 시골에서는 오메라가 언급한 것처럼 "둥글고 밝기가 균일한 6등급의 빛덩어리"로 볼 수 있다.

고물자리

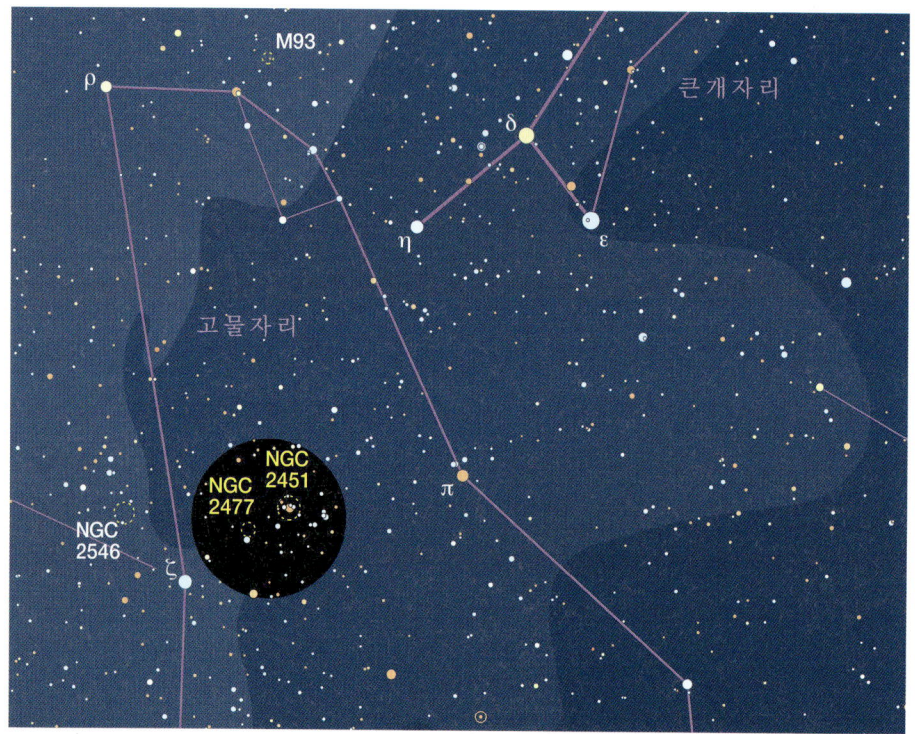

남쪽 지평선에서 만나는 두 개의 보석 : NGC 2477, NGC 2451

쌍안경은 그냥 손에 들고 나가 바로 별을 볼 수 있다는 것이 가장 큰 장점이다. 쌍안경이나 맨눈으로도 밤하늘의 많은 별들을 만나는 즐거움을 누릴 수 있다. 겨울 은하수를 여기저기 바라보고 있으면 남쪽 지평선에 걸쳐 있는 고물자리의 사랑스러운 산개성단 한 쌍을 만날 수 있다.

2등성인 고물자리 제타(ζ)별과 한 시야에 보이는 것이 NGC 2477이다. 하늘이 어두운 곳에서 보통의 쌍안경으로 보면 어둡고 둥근 뿌연 덩어리로 보인다. 이 성단에는 유난히 많은 별이 있지만, 대부분 어두운 별로 구성되어 있기 때문에 일반적인 산개성단처럼 보이진 않는다.

뭔가 더 멋진 것을 바란다면 북서쪽으로 1과 1/2° 떨어진 곳에 있는 NGC 2451을 찾아보자. 10여 개의 별이 보석처럼 아름다운 오렌지색의 3.6등성을 둘러싸고 있는 모습을 볼 수 있다.

NGC 2477과 NGC 2451을 보기 위해서는 남쪽 지평선이 가리지 않는 장소와 고도가 가장 높을 시간을 선택해야 한다.

SPRING 봄

Akira Fujii

CHAPTER 2

3월 · 4월 · 5월

작은곰자리	약혼반지
큰곰자리	M81, M82, M101
사냥개자리	M51, M106, M94, M3
머리털자리	멜로테 111(Mel 111)
목동자리	델타(δ), 뮤(μ), 뉴(ν)
왕관자리	R성
게자리	로(ρ), 요타(ι), M44
사자자리	NGC 2903, 레굴루스, 타우(τ)
바다뱀자리	M48, U, V
처녀자리	M104
뱀자리	M5

행성상성운	⊕
구상성단	⊕
산광성운	⬠
산개성단	⬚
변광성	○
은하	⬭

성도에 관하여

이번 장에서 다루고 있는 각각의 성도는 3가지 축척으로 되어 있다. 광시야 성도는 7.5등성, 중간 축척 성도는 8.0등성, 그리고 가장 많이 확대된 성도는 8.5등성까지 표현되어 있으며, 모든 성도상의 어두운 원 부분은 일반적인 10×50 쌍안경의 시야 범위를 의미한다.

작은곰자리

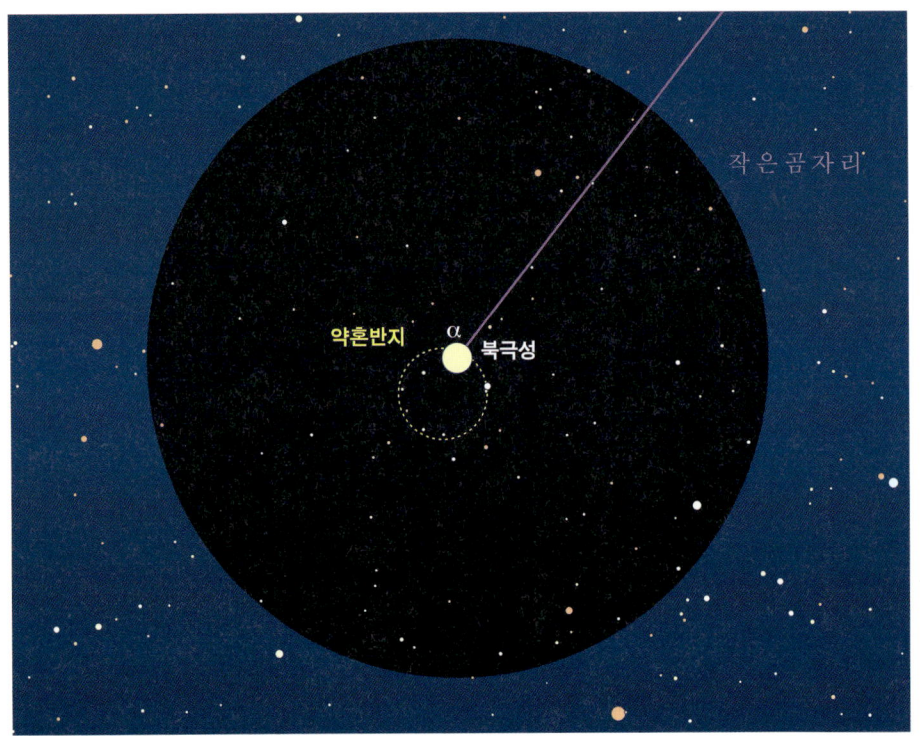

약혼반지

밤하늘은 재미있는 성군들로 가득하다. 특히 쌍안경으로 보면 더 잘 보이는데, 이중에서 여우자리에 있는 옷걸이(120페이지)는 한 번쯤 들어보았을 것이다. 이외에도 밤하늘엔 수많은 성군들이 자신의 존재가 발견되기를 기다리고 있다. 이 별무리들은 대부분 중력으로 연결되어 있지 않다. 하지만 우리의 눈과 뇌는 무작위로 흩어져 있는 점 사이에서 특정한 패턴을 만드는 능력이 있다. 별자리도 그 증거 중 하나이다.

작은곰자리에 있는 약혼반지는 가장 매력적인 성군 중의 하나인데, 이 별로 된 반지는 반짝이는 2등급의 다이아몬드, 즉 북극성으로 완성된다. 반지의 지름은 35′이고, 약간 찌그러진 원은 8등급과 9등급의 별로 이루어져 있으며, 북극성을 중심으로 작은곰자리 국자 손잡이 반대쪽에 위치한다. 관측지의 하늘 상태에 따라 다르지만, 어떤 크기의 쌍안경으로도 이 성군을 볼 수 있다.

천구의 북극에 가까이 있기 때문에 북반구에서는 이 약혼반지를 밤새도록, 그리고 1년 내내 볼 수 있다. 바로 오늘 밤, 쌍안경으로 찾아보자.

큰곰자리

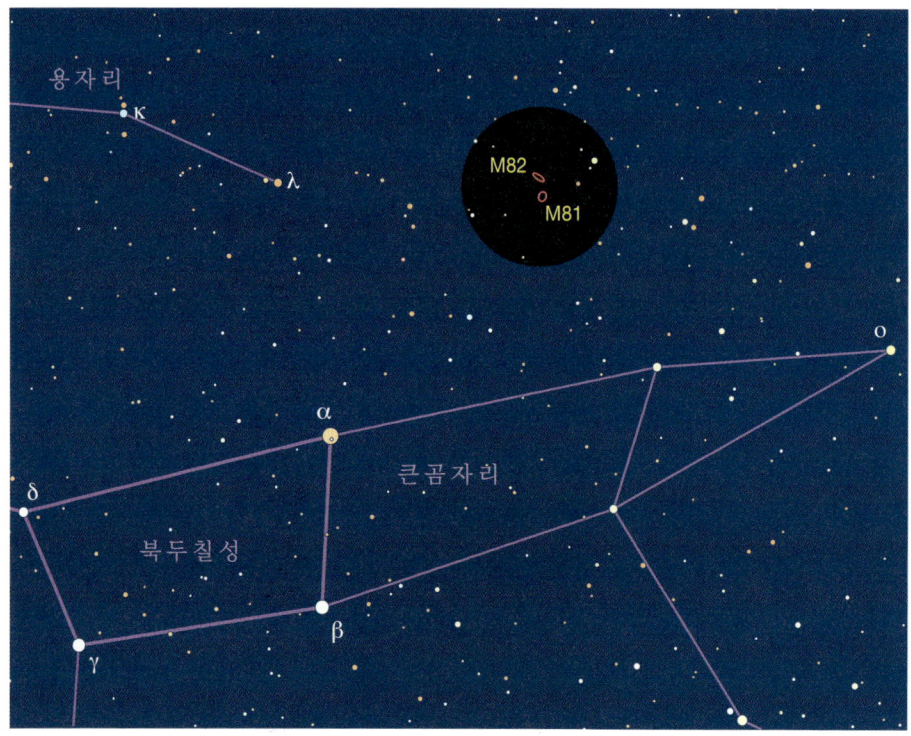

배율의 힘 : M81, M82

　북쪽 하늘의 고도가 높은 곳에는 메시에 목록(Messier Catalogue)의 은하 중 가장 눈에 띄는 M81, M82가 있다. 이 한 쌍의 은하를 통해 배율의 힘을 직접 느껴볼 수 있다.

　필자는 교외의 밤하늘에서 각기 배율이 다른 세 종류의 쌍안경으로 이 은하 한 쌍을 관찰한 적이 있다(15페이지에서 설명한 것과 같이 쌍안경의 사양을 나타내는 숫자 중 첫 번째 숫자가 배율을 나타낸다. 예를 들어 10×50 쌍안경의 배율은 10이다).

　7×50 쌍안경으로는 두 개의 은하 중 보다 밝은 M81만 볼 수가 있었고, 10×50 쌍안경으로 볼 때 M81은 쉽게 볼 수 있었던 데 반해 M82는 언뜻 보일 뿐이었다. 15×45 쌍안경으로 볼 때 두 은하 모두 가장 잘 보였는데, 은하의 크기와 방향을 관찰하며 두 은하를 구별할 수 있었다.

　15×45 쌍안경은 대물렌즈의 지름이 45mm라서 다른 두 종류의 쌍안경보다는 빛을 잘 모으지 못하지만, 배율이 높기 때문에 더 크게 볼 수 있었다. 특히 배율이 높은 쌍안경은 콘트라스트가 낮은 천체를 더욱 잘 보여준다. 결론적으로 하늘의 상태와는 관계없이 배율이 높을수록 어두운 천체를 조금 더 쉽게 찾을 수 있다는 것이다.

큰곰자리

마음의 눈으로 바라보는 M101

밤하늘을 볼 때 우리는 마음속으로부터 즐거움을 느끼게 된다. 큰곰자리를 향한 나선은하 M101이 그 좋은 사례라고 할 수 있다. 이 은하는 북두칠성의 국자 손잡이 가운데 있는 유명한 이중성 미자르(5등성)에서 북동쪽으로 향하면 쉽게 찾을 수 있다.

필자가 살고 있는 곳처럼 약간의 광해가 있는 곳에서 손떨림 방지 기능이 있는 10×30 쌍안경으로 M101을 보면 둥글고 작은 흐릿한 빛으로 보인다. 대구경 쌍안경을 이용해도 잘 보이지 않는 것은 마찬가지다. 하지만 수많은 천체들을 쌍안경이나 망원경으로 볼 수 있느냐 없느냐만을 따지게 되면 별 보는 즐거움의 반을 놓치는 것이다. 물론 눈에 보이는 그대로를 관찰하는 것이 1차 목표겠지만, 여기에 더해 색다른 상상력과 마음으로 별을 바라본다면 지적인 즐거움까지 더해질 것이다.

즉, M101을 쌍안경으로 볼 때 눈에 닿는 저 흐릿한 빛에 대해 '수천억 개의 별이 모여 내뿜은 빛이 2,200만 광년을 달려오느라 그 밝음이 줄어들어 아주 미미한 빛만 남게 되었구나', 혹은 반대로 'M101에 있는 어느 별 주위를 돌고 있는 행성에서 우리은하를 보면 그리 인상적이지 않을 수도 있겠구나' 하는 상상만으로도 천체관측이 훨씬 재미있고 색다른 의미로 다가올 것이다.

우리의 태양은 너무 밝게 보여서 그 밝기가 흐릿해지려면 얼마나 멀리 떨어져 있어야 하는지 짐작하기가 쉽지 않다(우리은하에 있는 수십억 개의 다른 별들도 마찬가지다). 하지만 이런 생각들이 바로 우리에게 2,200만 광년이 얼마나 먼 거리인지 조금은 헤아릴 수 있는 통찰력을 주는 것이다. 어떻게 보느냐 하는 관점이 중요하다.

사냥개자리

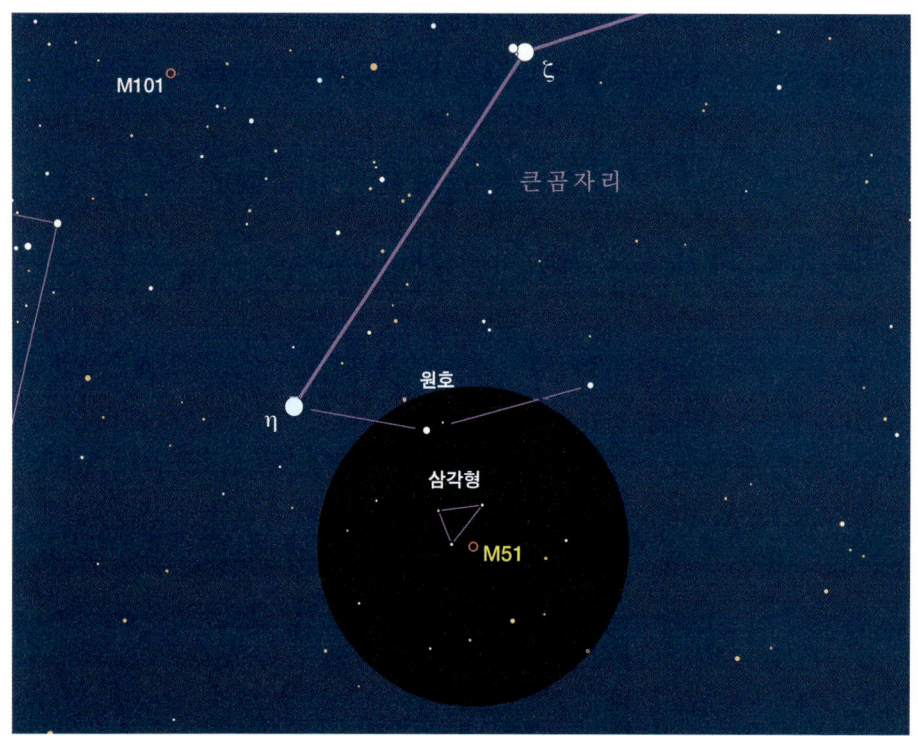

징검다리를 건너 M51로

쌍안경 관측자에게 있어 은하는 대체로 작고 어두워 딥스카이 천체 중에서 가장 보기 어렵다. 하지만 몇몇 은하는 작고 희미하긴 하지만 쌍안경으로 보는 것이 가능하다. 이러한 은하를 찾기 위해서는 관측자가 알고 있는 지점에서 시작해 마치 징검다리를 건너듯 별을 하나하나 조심스럽게 건너 원하는 지점으로 가는 스타호핑(Star-hopping) 방법을 사용한다.

북두칠성의 국자 손잡이 아래쪽에 있는 M51은 스타호핑을 시도해볼 수 있는 좋은 대상이다. 이때 왼쪽 그림과 같은 자세한 성도를 참조하여 경로를 미리 계획해야 하는데, 국자 손잡이 끝에 있는 큰곰자리 에타(η)별처럼 찾기 쉬운 별을 그 시작점으로 하고, 목표점으로 가는 길에 있는 별들로 직선이나 삼각형 등과 같은 패턴을 만들어본다.

예를 들어 필자의 경우 3개의 별로 구성된 원호의 한쪽에 있는 에타별을 출발점으로 잡고, 원호의 중심 별 바로 아래에 있는 작은 삼각형으로 향한다. 이 삼각형에 도착했으면, 이 삼각형과 M51 간의 상대적인 위치만 기억하고 있으면 된다.

이 경로를 따라 M51을 찾아보자. 이 스타호핑을 조심스럽게 진행했다면 그 보상으로 자그마한 빛 조각 같은 M51을 볼 수 있을 것이다.

사냥개자리

은하의 계절 : M106

　북반구에서 봄은 은하의 계절이다. 이때 은하수는 지평선 가까이 있기 때문에 우리는 은하수의 방해 없이 우주의 풍경을 즐길 수 있다. 남쪽의 밝은 별 스피카부터 북쪽 방향의 용자리까지, 은하수가 지나가지 않아 아주 멀리 떨어져 있는 은하까지 볼 수 있다.

　중위도에 있는 관측자에게는 저녁에 바로 머리 위에서 볼 수 있는 M106이 가장 좋은 관측 사례 중 하나이다. 나선은하인 M106은 북두칠성의 손잡이 아래 사냥개자리에 속해 있는데, 이 작은 별자리 저 뒤쪽으로 2,200만 광년 떨어진 곳에 위치한다.

　M106을 찾으려면 쌍안경을 사냥개자리 베타(β)별과 큰곰자리 감마(γ)별 사이로 향한다. M106은 오렌지색의 5등성인 사냥개자리 3번 별에서 1.7° 남쪽에 위치하며, 동일한 시야에 들어온다. 이 은하에서 동쪽으로 1/2° 떨어진 곳에는 6등성이 하나 위치하고 있다.

　광해가 없는 어두운 하늘에서는 작은 쌍안경으로도 M106을 작은 빛덩어리로 확인할 수 있다. 관측 조건이 안 좋은 곳이라면 최소 50mm 구경에 10× 혹은 그 이상의 배율인 쌍안경이 있어야 희미하게나마 볼 수 있다.

사냥개자리

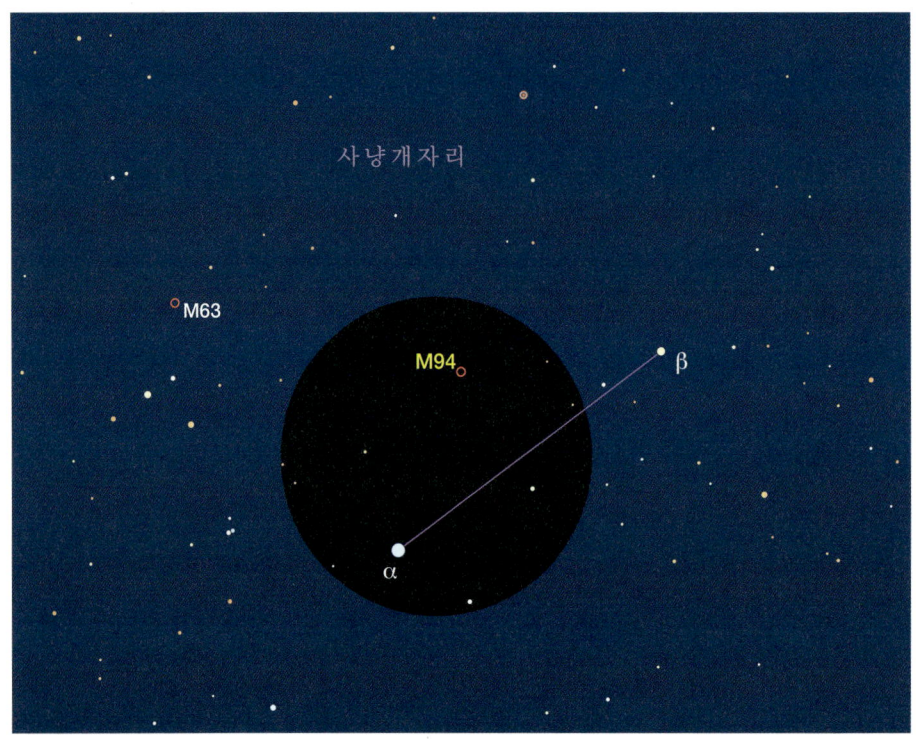

은하 M94에 고정하라!

최근 필자는 표준으로 많이 쓰이는 7×50 파인더가 장착된 천체망원경으로 종종 은하 관측을 즐겼다. 망원경을 사냥개자리 알파(α)를 향하게 하고 파인더를 들여다보니, 광해가 있음에도 불구하고 이 3등성에서 북서쪽으로 3° 떨어진 곳에서 필자가 찾고 있던 은하 M94(8.2등급)를 볼 수 있었다. 전에 10×50 쌍안경으로 찾으려 했을 땐 그렇게 힘들더니 이날은 쉽게 찾았다. 파인더로 본 날의 날씨가 더 좋았기 때문일까? 이 의문을 풀기 위해 다시 한 번 쌍안경으로 도전해봤지만 여전히 찾기가 어려웠다. 도대체 왜 그런 것일까?

쌍안경은 파인더에 비해 배율이 높고, 한 눈이 아닌 양 눈으로 보기 때문에 이론상으로는 파인더보다 잘 보여야 한다. 하지만 쌍안경은 손으로 들고 보는 데 비해 파인더는 망원경에 단단히 붙어 있다는 아주 큰 장점이 있다. 즉, 잘 고정시키는 것이 대단히 중요한 것이다.

쌍안경을 흔들리지 않게 고정하는 방법에는 여러 가지가 있다. 카메라 삼각대와 쌍안경 전용 가대(Mount)를 활용하는 것도 좋은 방법이고, 쌍안경을 울타리나 다른 고정된 것에 걸쳐놓고 보는 것도 도움이 된다. 이미 말했듯이 필자는 주로 손떨림 방지 기능이 있는 쌍안경을 이용한다. 이는 다른 거추장스러운 추가 장비 없이 안정된 시야를 제공해주기 때문에 가장 좋은 방법이라고 생각한다.

언젠가 날씨가 좋은 날에 M94, 그리고 이와 이웃해 있는 8.6등급의 M63을 쌍안경으로 보면서 안정된 시야가 얼마나 중요한지 직접 확인해보자. 고정 장치가 있고 없고의 차이가 얼마나 큰지 실감할 수 있을 것이다.

사냥개자리

구상성단 M3

자연을 사랑하고 관심을 기울이는 사람은 달력에서만이 아니라 반복되는 다양한 자연현상을 통해 계절의 변화를 알아낸다. 필자의 경우 사자·처녀·머리털자리의 은하단이 여름철에 많이 보이는 구상성단에 자리를 내어줄 때 북반구의 봄이 끝나가는 것을 느낀다. 구상성단 중에서 4, 5월의 저녁에 동쪽 하늘 높이 뜨는 M3이 계절의 변화를 알리는 전령사이다.

M3은 쌍안경으로 아크투르스(Arctures, 목동자리 알파별)에서 북두칠성의 손잡이 아래에 있는 사냥개자리 알파별인 코르카롤리(Cor Caroli) 방향으로 훑어가다 보면 그 중간에서 조금 못 미치는 곳에 위치하고 있어 쉽게 찾을 수 있다. 희미하게 빛나는 6등급인 M3의 북동쪽으로 $1/2°$ 떨어진 곳에 비슷한 밝기의 별이 있어 비교가 가능하다.

쌍안경의 초점이 잘 맞았을 때는 이웃한 별이 강한 콘트라스트를 보여주는 것에 비해 M3과 같은 구상성단은 상대적으로 흐릿하게 보인다. 보다 높은 배율에서는 이 두 천체의 차이가 더욱 도드라진다. 필자가 M3을 찾을 때는 늘 아크투르스에서 시작한다. 이 구상성단은 실제 사냥개자리에 속해 있지만, 필자는 늘 목동자리에 속해 있는 듯 느껴져서인 것 같다.

머리털자리

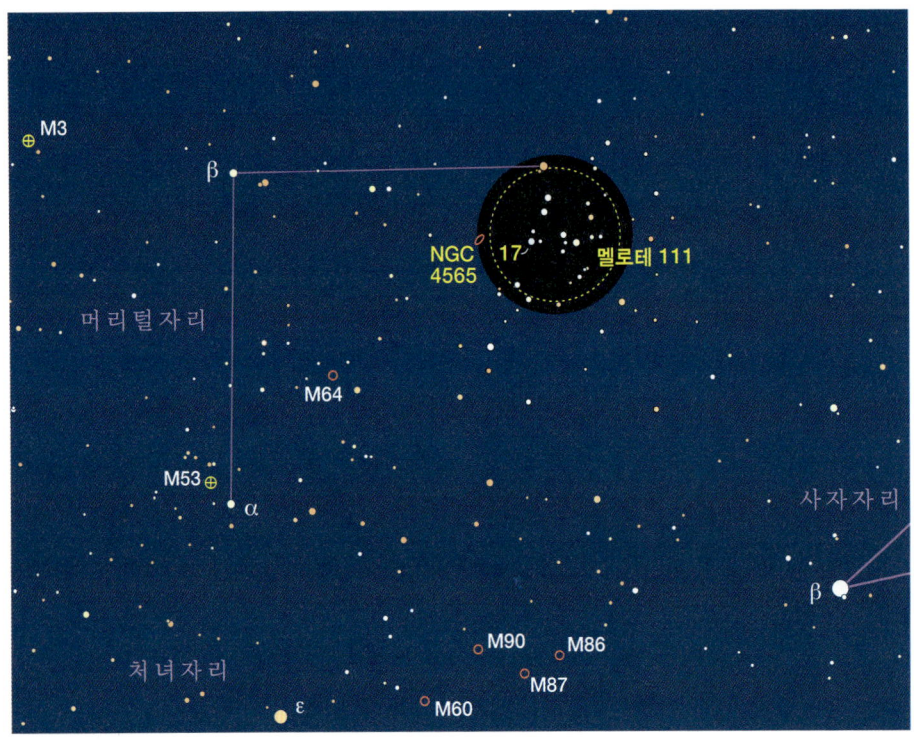

멜로테 111 안쪽과 그 주변

 산개성단은 아주 작은 빛덩어리로 보이는 것부터 밝은 빛이 드넓게 퍼져 있는 것까지 다양한 모습을 보여준다. 머리털자리의 대부분을 구성하는 멜로테(Melotte) 111은 후자에 속한다.

 성단이 보이는 크기는 거리와 관련이 있다. Mel 111은 가장 가까운 산개성단 중 하나로서 약 300광년 떨어져 있다. 어두운 밤에 맨눈으로 보면 망원경으로 본 일반적인 산개성단처럼 보인다. 쌍안경으로 보면 8등급 이상의 별 20여 개가 시야에 가득 들어온다.

 봄철의 별이 상대적으로 희박하다는 점을 감안하면 쌍안경의 시야 안에 가득 찬 별들을 천천히 즐기는 것도 행복한 경험이 될 것이다. 예쁜 이중성인 사냥개자리 17번 별도 한번 살펴보도록 하자. 5.3등성과 6.6등성이 145″(각초) 떨어져 있어 쌍안경으로 충분히 분해되어 보인다.

 Mel 111은 봄철 은하 나라의 심장부에 위치하고 있어 어두운 밤하늘에서는 이곳에 숨어 있는 은하 한두 개 정도만 간신히 볼 수 있다. 사냥개자리 17번 별에서 동쪽으로 1과 1/2° 떨어져 있는 NGC 4565로 운을 한번 시험해보자. NGC 4565는 성단에서 가장 가까운 은하로서 밝기는 10등급이다.

목동자리

목동자리의 이중성 트리오 : 델타(δ), 뮤(μ), 뉴(ν)

쌍안경 관측자들은 목동자리를 보는 데 많은 시간을 들이지 않는다. 목동자리에는 109개의 메시에 목록 중 해당하는 천체가 단 하나도 없기 때문이다. 그럼 이 별자리에선 무엇을 보아야 할까? 목동자리에는 밝은 성단, 은하, 성운이 없는 대신 이중성이 있다. 쌍안경으로 목동자리의 북동쪽 끝자락에 깔끔하게 줄지어 있는 3개의 매력적인 이중성을 살펴보자.

이중성 중에서 가장 찾기 쉬운 것은 목동자리 델타(δ)별이다. 하지만 이 이중성은 셋 중에 분해해서 보기가 가장 어렵다. 사실 델타별을 이루는 두 별은 104″ 떨어져 있어 분해하기에는 충분하지만 두 별의 밝기 차이가 심하다. 7.9등급의 반성(쌍성에서 밝기가 주성보다 어두운 별. 동반성 – 역자주)은 3.6등급의 황금색으로 빛나는 주성에 비해 많이 어둡다. 10×50 쌍안경의 경우 처음에 반성이 한 번 눈에 들어오기 시작하면 쉽게 계속 볼 수 있었다.

델타별로부터 쌍안경 시야만큼 북북동 방향으로 이동하면 목동자리에서 가장 아름다운 이중성인 목동자리 뮤(μ)별에 도착한다. 두 별 사이의 간격은 델타별과 비슷하지만, 반성(사실 광학적 이중성이다)의 밝기가 6.5등급으로 4.3등급인 주성과 잘 분해된다. 10×50 쌍안경으로는 밝은 주성 옆에 푸르스름한 반성이 빛나고 있는 모습을 볼 수 있다.

목동자리 여행의 마지막은 밝으면서도 넓게 떨어져 있는 목동자리 뉴(ν)별이다. 두 개의 5등성이 10′ 이상 떨어져 있는 이 별에 눈길이 가는 이유는 색깔이 대비되기 때문이다. 남쪽에 있는 v^1이 오렌지색인 데 비해 그 옆의 v^2는 섬세한 파란색을 띠고 있다. 이는 색상의 대비로 유명한 이중성인 백조자리 알비레오(Albireo)의 은은한 버전이라 할 수 있다.

왕관자리

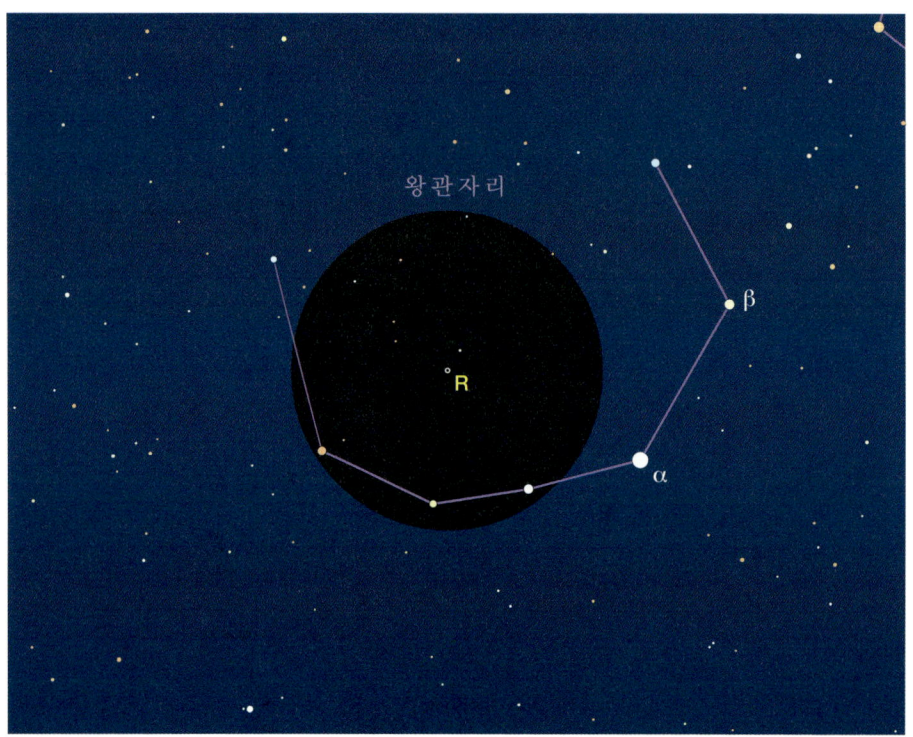

 가끔 사라지는 왕관자리 R성

왕관자리에는 가끔 사라지는 것 외에는 별 볼 일 없는 6등성이 하나 있다. 이 별은 처음에는 아주 천천히 어두워져 알아차릴 수 없을 정도지만 시간이 지나면서 어두워지는 속도가 점점 빨라진다. 급기야 한 달 정도 지나면 쌍안경으로 도저히 볼 수 없을 만큼 어두워진다. 그 다음엔 다시 원래의 밝기로 돌아오기 시작하는데, 6주 뒤에는 마치 아무 일도 없었다는 듯이 육안으로도 관측 가능할 정도의 밝기로 회복된다. 이것이 바로 불규칙 변광성인 왕관자리 R성의 일상이다.

많은 별들이 주기적으로 밝기가 변하지만, 변광성 중에서 왕관자리 R성은 특이한 면이 있다. 6등성의 밝기로 수개월에서 수년을 지내다가 갑자기 14등급 혹은 그 이하보다 어두워진다. 그 이유는 별의 대기 속에 탄소가 응축되기 때문이다. 그러다 몇 주 혹은 몇 달이 지나면 별빛을 가리는 물질이 사라지고, 별도 원래의 밝기로 되돌아온다.

쌍안경으로 천체를 관측할 때 한 번씩 왕관자리 R성을 찾아보면 어떨까? 언제 또 사라질지 모르니까. 게다가 잠시 훑어보는 데 시간이 오래 걸리지도 않으니 말이다.

게자리

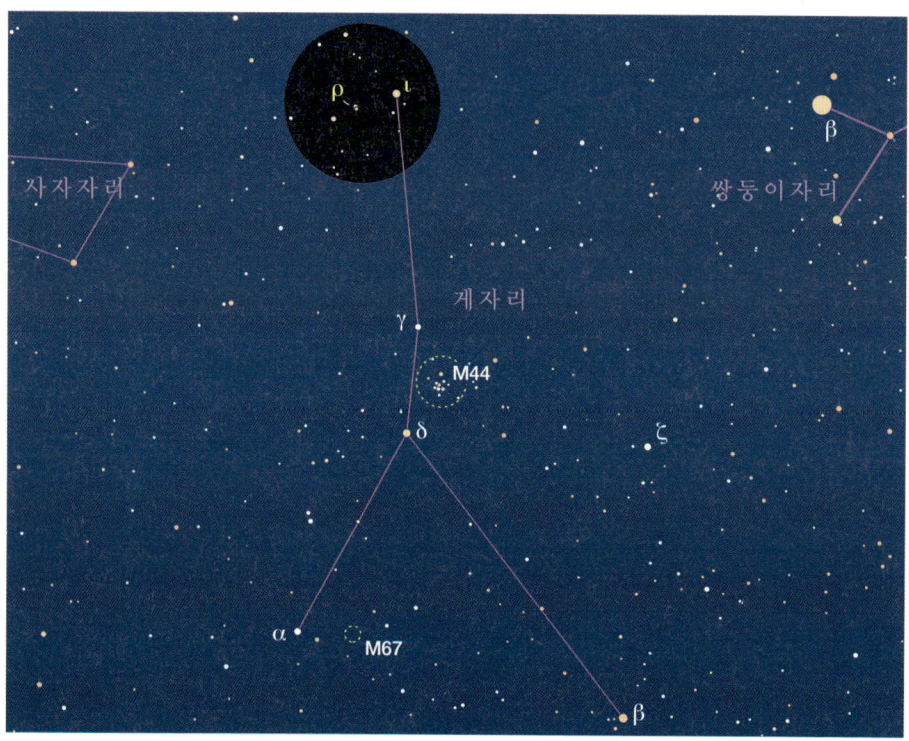

 게자리의 이중성 한 쌍 : 로(ρ)와 요타(ι)

　비싼 쌍안경이라 해도 작은 천체망원경의 배율이나 분해능을 따라갈 수는 없다. 그러나 이것이 쌍안경을 고정시키거나 손떨림 방지 기능이 있는 쌍안경으로 이중성을 관측할 수 없다는 말은 아니다. 단지 간격이 넓고 밝은 이중성으로 그 대상이 한정될 뿐이다. 다행히도 여기에 속하는 이중성이 상당히 있다.

　게자리의 북쪽 끝자락에도 쌍안경의 한 시야에 들어오는 두 개의 이중성이 있다. 하나는 쉽게 분해되지만, 다른 것은 좀 어렵다. 분해가 쉬운 게자리 로(ρ)별은 게자리 55번과 53번 별로 이루어져 있다. 특히 55번 별은 태양계 밖에서 행성이 발견된 최초의 별들 중 하나로, 5개의 행성을 가지고 있는 것으로 알려졌다. 이 이중성은 278″ 떨어져 있는 두 개의 6등성으로 이루어져 있어 작은 쌍안경으로도 쉽게 분해해서 볼 수 있다. 그러나 별의 실제 밝기는 각각 5.9등급과 6.3등급으로 밝기 차이를 알아보기가 쉽지 않은데, 저배율에서 특히 더 그렇다. 어느 별이 더 밝게 보이는지 직접 관찰해보자.

　로별에서 서쪽으로 1° 떨어진 곳에는 분해가 어려운 게자리 요타(ι)별이 있다. 분해가 어려운 이유는 두 가지이다. 첫째, 두 별의 간격이 10× 쌍안경의 해상도 한계에 가까우며, 둘째, 주성이 4.0등급인 데 비해 반성은 6.5등급으로 약 10배 정도의 밝기 차이가 난다. 이 두 요소가 동시에 작용해서 분해가 어려운 것이다. 필자의 손떨림 방지 기능이 있는 10×30 쌍안경으로 반성을 겨우 보기는 했지만, 대부분의 경우 마치 주성의 밝기에 의해 생긴 광학적 플레어처럼 보인다. 하지만 손떨림 방지 기능이 있는 15×45 쌍안경으로는 반성을 쉽게 볼 수 있었다. 5배의 배율 차이가 그것을 가능하게 해준 것이다.

게자리

벌집 성단 M44

 게자리 자체는 어두운 별자리지만 북반구 하늘에서 쌍안경으로 가장 보기 좋은 대상 중의 하나이며, 벌집(Beehive) 성단으로 알려진 M44를 포함하고 있다. 도시에 사는 쌍안경 관측자들도 잘 볼 수 있는 대상으로, 7등급 이상인 가장 밝은 별 10여 개가 1° 각의 범위를 넘어 넓게 퍼져 있다. 잘 고정시킨 10×50 쌍안경으로 좀 더 주의 깊게 관찰하면 10여 개의 별을 추가로 더 볼 수 있다.

 서쪽으로 기울어진 수많은 겨울철 성단과는 달리 벌집 성단 M44는 별이 풍부한 은하수를 배경으로 하지 않고 상대적으로 척박한 배경을 가지고 있어 좀 더 인상적이고 두드러지게 보인다.

 필자가 이 성단을 볼 땐 마치 한쪽이 찌그러진 상자처럼 보인다. 마치 별의 고리로 둘러싸인 까마귀자리의 축소판을 보는 듯하다. 전체적인 모양은 벌집보다는 하늘의 게와 같은 느낌이다. 박스는 게의 몸체, 고리 모양으로 늘어선 별들은 갑각류의 다리와 집게발처럼 보인다. 이는 쉽게 그릴 수 있는 패턴으로, 아마도 필자의 상상력이 잠재의식 속에서 성단과 별자리를 서로 연관지었을지도 모를 일이다.

 M44는 황도에 놓여 있기 때문에 행성이 그 주변으로 자주 지나간다. 이때 태양계의 방문객들이 성단 위에서 어떻게 움직이는지 쌍안경으로 관찰해보자.

사자자리

NGC 2903을 방문하자!

1년 중 이 시즌에는 늦은 저녁에 은하수가 지평선과 포옹하고, 우리는 우리은하 너머에 있는 우주로 시야를 활짝 넓힐 수 있다. 이때 우리가 더 볼 수 있는 것이 바로 은하이다.

사실 NGC나 메시에 목록을 살펴보면, 대부분의 딥스카이 천체를 구성하는 것이 바로 은하라는 것을 알 수 있다. 은하는 아주 멀리 떨어져 있기 때문에 매우 어두우며, 따라서 겨우 몇 개의 섬우주만이 쌍안경으로 관찰할 수 있는 기회를 준다. 사자자리의 낫 근처에 위치한 NGC 2903은 그중에서 조금 덜 알려진 은하이다.

10×50 쌍안경으로 NGC 2903을 보면, 4등성인 사자자리 람다(λ)별에서 남쪽으로 1과 $1/2°$ 떨어진 곳에 위치한 아주 작고 흐릿한 빛덩어리로 보인다. 별로 흥미롭지 않을 수도 있지만 '수십억 개의 별이 모여서 내는 빛이 2,000만 광년을 지나면서 점점 어두워져 9등급으로 빛나고 있고, 이런 은하를 최소한의 광학 장치를 이용해서 지금 내가 보고 있다'라고 생각하면 정말 멋지지 않은가? 이런 상상이 맨눈으로든, 쌍안경으로든, 대형 망원경으로든 천체 관측을 하는 데 더욱 즐거운 경험을 선사하는 것이다.

사자자리

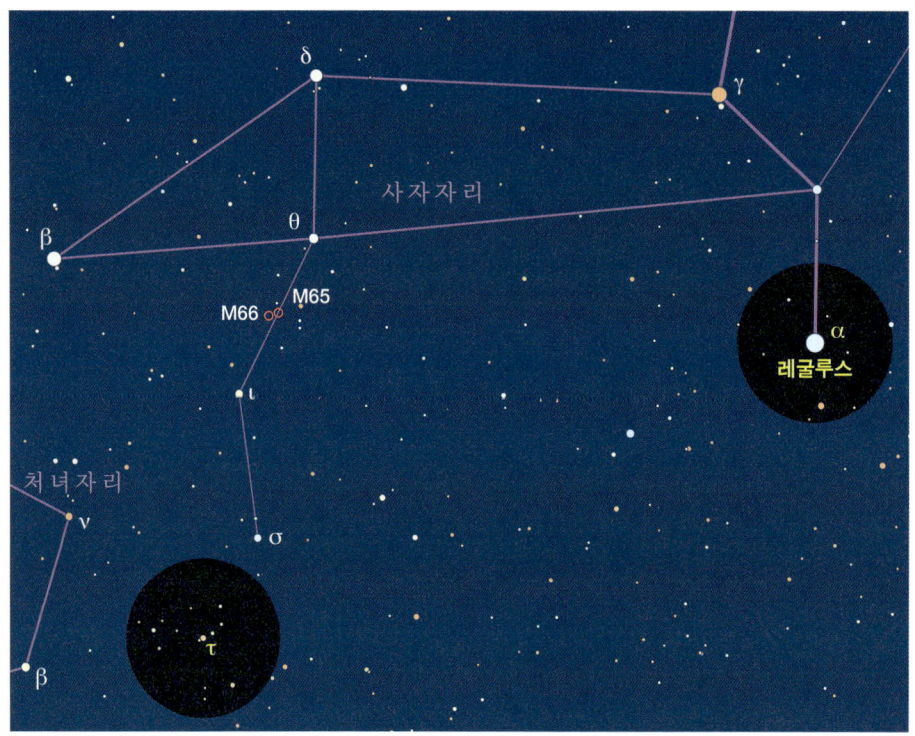

사자자리의 이중성 두 쌍 : 레굴루스와 타우(τ)

일반적인 쌍안경으로 볼 수 있는 이중성은 두 가지 조건에 의해 볼 수 있는 후보의 개수가 현저히 줄어든다. 첫 번째로 주성과 반성의 밝기가 충분해야 하며, 두 번째로 저배율에서 분해가 가능할 만큼 주성과 반성이 충분한 거리를 두고 떨어져 있어야 한다. 사자자리에 있는 레굴루스(Regulus, 사자자리 알파별)와 타우(τ)별이 이 두 조건을 만족한다.

북극성처럼 레굴루스도 이중성이라는 사실에 많이들 깜짝 놀란다. 이 이중성을 구성하는 두 개의 별은 176″ 떨어져 있어 분해하기 쉽다. 하지만 반성의 밝기가 8등급에 불과하기 때문에 주성의 밝은 빛에 묻혀서 잘 보이지 않는 경우도 있다. 관측지의 하늘이 밝은 경우에는 10×50 쌍안경으로 레굴루스 북서쪽에 떨어져 있는 반성을 쉽게 볼 수 있다.

사자자리 타우별은 이보다 더 쉽게 볼 수 있다. 두 별의 거리는 레굴루스의 주성과 반성 간 거리의 절반이지만, 두 별의 밝기 차이가 레굴루스처럼 극심하지 않기 때문에 걱정할 필요가 없다. 사실 가장 어려운 부분은 이 이중성을 찾는 일이다. 가장 쉬운 경로는 사자자리 세타(θ)별에서 출발하여 남쪽으로 시야를 옮기면서 요타(ι)·시그마(σ)별을 거쳐 타우별에 도달하는 것이다.

사자자리 타우별은 5.0등급의 주성과 7.5등급의 반성으로 구성되어 있고, 반성은 주성에서 남쪽으로 89″ 떨어져 있어 쌍안경으로 쉽게 분해된다. 주변에 모여 있는 6등성과 7등성이 이 별을 더욱 흥미롭게 해준다.

바다뱀자리

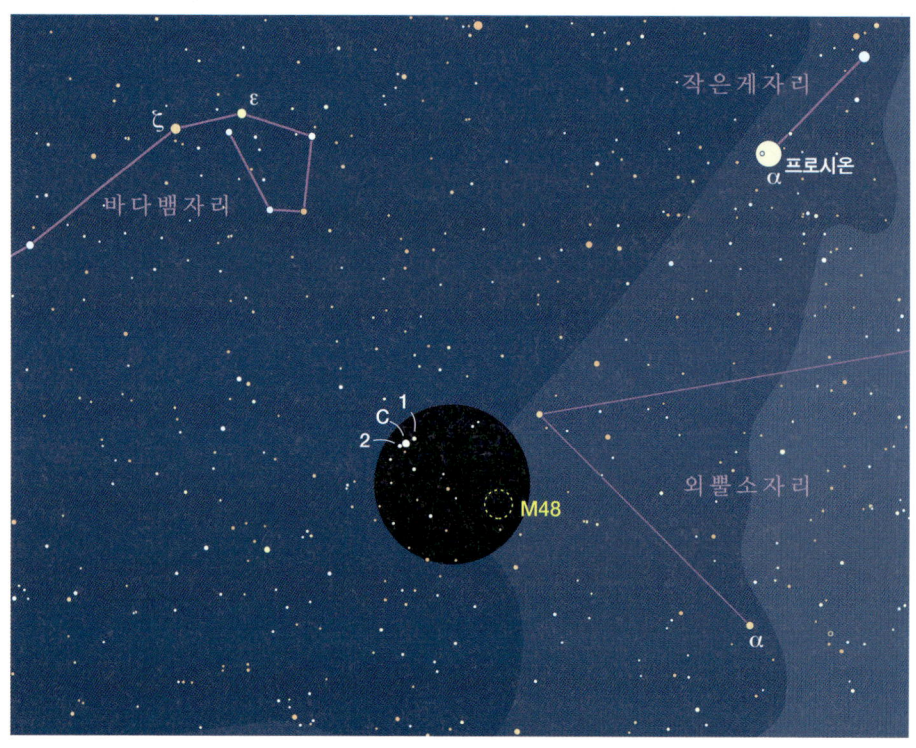

바다뱀자리의 성단 M48

눈부시게 밝은 별들이 서쪽으로 넘어가고 있을 때쯤 보기 좋은 위치에 오는 바다뱀자리와 외뿔소자리의 중간 지역은 보통은 그냥 넘어가기 때문에, 바다뱀자리에서 가장 흥미로운 쌍안경 관측 대상인 산개성단 M48은 많이 알려지진 않았다. 사실 M48의 주변은 상당히 척박한 편이어서 딥스카이 천체 목록을 만든 샤를 메시에조차도 M48의 위치를 5°나 잘못 기록했다.

M48을 쉽게 찾는 방법은 일단 바다뱀자리 1번 별, 2번 별, C별 삼총사를 찾는 것이다. 이곳에서 남서쪽으로 3° 떨어진 곳에서 M48을 찾을 수 있다. 광해가 있는 교외의 하늘에서는 시야 안에 성단이 들어와 있더라도 보기가 어려우며, 10×50 쌍안경으로 주의 깊게 봐야만 광해 속에서 성단을 구분할 수가 있다. 이 M48은 한두 개의 밝은 별이 빛나는 둥그런 덩어리처럼 보인다.

하늘이 밝은 곳에서는 배율이 높을수록 큰 도움이 된다. 손떨림 방지 기능이 있는 15×45 쌍안경으로 보면 그 모습이 극적으로 좋아진다. 뿌연 덩어리로 보이던 것이 10여 개의 독립된 별이 있는 예쁜 성단으로 보이며, 조금 더 어두운 하늘에서는 10× 쌍안경으로 기대했던 것보다 더 잘 볼 수 있다.

바다뱀자리

바다뱀자리 U별과 V별

탄소별은 밤하늘에서 아주 강렬한 색상을 보여준다. 보통은 베텔게우스나 안타레스와 같은 적색거성이지만, 상대적으로 대기 중에 풍부하게 존재하는 탄소에 의해 이들보다 더 붉게 보이는 별도 있다. 탄소가 풍부한 분자는 붉은색 필터 같은 작용을 해 별빛 중에서 파장이 짧은 빛(파란색)을 차단한다.

가장 밝은 탄소별 중 하나가 사자자리 남쪽 바다뱀자리에 있다. 이 별을 찾기 위해서는 왼쪽의 성도를 이용하여 바다뱀자리 알파별인 알파드(Alphard)에서 출발하여 바다뱀의 꾸불꾸불한 몸체를 따라 서쪽으로 이동하여 뮤(μ)별과 뉴(ν)별의 중간 지점을 향한 뒤, 여기에서 북쪽으로 3° 떨어진 곳을 보면 바다뱀자리 U별을 만나게 된다. U별은 6등성과 7등성으로 이루어진 아름다운 별들의 곡선에 이웃하고 있으며, 밝기는 5등급에서 6등급이다. 쌍안경의 초점을 조금 흐리게 하면 별빛이 퍼지면서 별의 색상을 좀 더 잘 볼 수 있다.

이곳에서 남남동쪽으로 8° 떨어진 곳에는 또 다른 탄소별인 바다뱀자리 V별이 자리잡고 있다. 최근 몇 년간 V별의 밝기는 6등급에서 10등급 사이를 550일 주기로 변하고 있다. 필자의 눈에는 V별이 이보다 더 밝은 U별보다 더 붉게 보이는데 독자들에게는 어떻게 보이는지 궁금하다.

처녀자리

M104 그리고 그 너머에…

"이거 어디까지 볼 수 있어요?"

사람들에게 망원경을 보여주는 행사를 하면 한 번 이상 꼭 듣게 되는 질문이다. 이러한 상상력에 불을 지피는 무언가가 천체망원경에 있는 것 같다. 하지만 쌍안경으로도 멀리 보고자 하는 욕망을 충족시킬 수 있다.

그렇다면 쌍안경으로는 어디까지 볼 수 있을까? 불행하게도 이 질문에 답하기는 참 어렵다. 하지만 대체로 멀수록 어둡기 때문에 하늘이 어두울수록, 그리고 좋은 쌍안경일수록 더 멀리 볼 수 있다. 참고로 안드로메다은하 M31은 약 250만 광년(167페이지 참조) 떨어져 있다.

일반적으로 쌍안경으로 볼 수 있는 가장 먼 은하는 우리은하가 속해 있는 국부은하군의 밖에 있다. 이 페이지에서 소개할 처녀자리의 솜브레로 은하(Sombrero Galaxy) M104도 국부은하군에 속하지 않은, 아주 멀리 떨어져 있는 은하다.

M104는 메시에 목록에 속해 있는 은하 중에서는 상당히 밝은 편이지만(8등급), 일반적인 교외 지역의 하늘에서 보기는 쉽지 않다. 10×50 쌍안경으로 보면 은하에 속해 있는 수천억 개의 별들이 아주 작고 흐릿한 빛의 깜빡임으로밖에 보이지 않는다.

M104를 찾기 위한 가장 쉬운 방법은 까마귀자리 감마(γ)별에서 출발하여 북동쪽으로 열 지어 늘어서 있는 7등성들을 따라 5° 이동하면 작은 화살 모양의 성군을 볼 수 있는데, 이 화살 끝에서 조금 동쪽에 M104가 자리하고 있다(주위에 있는 어두운 별 한 쌍과 M104를 혼동하지 않도록 주의!).

쌍안경으로 그리 멋있게 보이진 않지만, M104를 본다는 것은 우주 저 너머 2,800만 광년 떨어진 무언가를 보고 있는 것이다. 누군가 당신에게 위와 같은 질문을 하면 저 흐릿한 빛이 얼마나 먼 곳에 있는지 설명해주자.

뱀자리

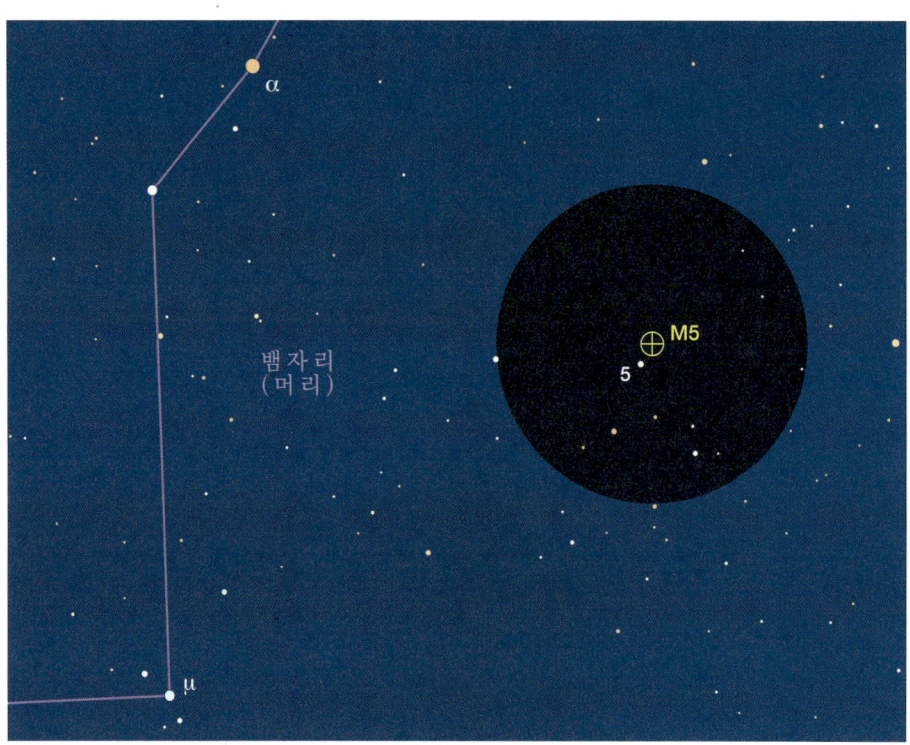

오래된 구상성단 M5

　천체망원경으로 밝은 구상성단을 관측하면 매우 멋지고 아름답다. 하지만 쌍안경으로는 몇몇을 제외하고는 그다지 멋지게 보이지 않는다. 바로 분해능 문제 때문이다. 쉽게 말해 쌍안경은 대물렌즈의 지름이 작고 배율이 낮기 때문에 고밀도로 압축된 이 별들의 숲을 깊이 들어가볼 수 있는 힘이 없다. 반대로 생각하면 쌍안경을 통해 여전히 목표를 찾는 스릴감과 조용한 사색을 즐길 수 있다는 뜻이기도 하다.

　하늘에서 가장 밝은 구상성단 중 하나인 M5는 뱀자리에 위치하고 있다. 주변에 육안으로 눈에 띄는 천체는 없지만, 성단 자체가 워낙 밝아서 쌍안경으로 성단이 있는 부근을 쭉 훑어보면 금방 찾을 수 있다.

　사실 M5의 밝기는 5.7등급으로 북반구에서는 가장 밝은 구상성단이며, 메시에 목록에 속하는 구상성단 중에서는 사수자리의 M22(146페이지 참조)와 전갈자리의 M4(140페이지 참조)에 이어 세 번째로 밝다. 뱀자리 알파(α)별과 뮤(μ)별 그리고 M5가 정삼각형을 이루고 있다고 생각하면 쉽게 찾아낼 수 있다.

　M5 바로 옆에 5등급인 뱀자리 5번 별이 있기 때문에 10×50 쌍안경으로도 이 성단이 별과는 다른 모습인 것을 알 수 있는데, 마치 밝은 별과 같은 느낌의 핵이 있는 빛의 방울처럼 보인다.

　이 성단을 볼 때마다 아주 오래된 성단을 보고 있다는 사실을 떠올려보자. M5를 이루고 있는 별들의 나이가 지구보다 두 배는 오래되었으니 말이다.

SUMMER 여름

CHAPTER 3
6월 · 7월 · 8월

별자리	천체
용자리	뉴(ν)
헤라클레스자리	M13
백조자리	오미크론[1](o[1]), 뮤(μ), 79번, 61번, M39, B168
거문고자리	베가, 엡실론(ε), 제타(ζ), M57
화살자리	M71
작은여우자리	M27, 옷걸이 성단 (Cr 399)
독수리자리	버나드의 E
방패자리	M11
뱀자리	IC 4756, 세타(θ)
뱀주인자리	NGC 6633, IC 4665, M10, M12, 로(ρ)
전갈자리	18번, 뉴(ν), M4, M80, 가짜 혜성
사수자리	M8, M22

행성상성운 ◇
구상성단 ⊕
산광성운 ▽
산개성단 ⋯
변광성 ○
은하 ⬭

성도에 관하여

이번 장에서 다루고 있는 각각의 성도는 3가지 축척으로 되어 있다. 광시야 성도는 7.5등성, 중간 축척 성도는 8.0등성, 그리고 가장 많이 확대된 성도는 8.5등성까지 표현되어 있으며, 모든 성도상의 어두운 원 부분은 일반적인 10×50 쌍안경의 시야 범위를 의미한다.

용자리

용자리 이중성 뉴(v)별 분해하기

　머리를 들어 바로 위의 하늘을 쳐다보면 용자리의 머리를 이루는 4개의 별 중에서 가장 어둡지만 사랑스러운 이중성 용자리 뉴(v)별을 찾을 수 있다. 쌍안경을 통해 하늘에서 가장 예쁜 이중성 중 하나인 한 쌍의 흰색 별이 검은 하늘을 배경으로 반짝거리는 것을 볼 수 있다.

　두 개의 별을 얼마나 선명하게 볼 수 있는지는 쌍안경의 분해능과 얼마나 단단히 고정시켰는가에 달려 있다. 천체망원경의 분해능은 도즈의 한계(Dawes limit)로 설명한다. 대물렌즈의 지름이 50mm인 경우, 도즈의 한계에 의해 이론적으로는 서로 2.3″ 떨어져 있는 이중성까지 분해가 가능하다. 용자리 뉴별은 62″ 떨어져 있기 때문에 쉽게 분해되어야 한다. 하지만 도즈의 한계는 쌍안경에는 해당되지 않는 아주 높은 배율일 경우에만 그 적용이 가능하다. 뉴별을 가만히 들여다보면 도즈의 한계에서 설명하고 있는 것보다 분해해서 보는 것이 더욱 어렵다는 사실을 알 수 있다.

　300을 배율로 나누는 것이 쌍안경의 분해능에 관한 더 나은 가이드라 할 수 있다. 예를 들어 7× 쌍안경의 경우 43″ 떨어진 이중성까지 분해가 가능하다. 즉, 용자리 뉴별을 분해하는 것이 가능하다는 의미이다. 10× 쌍안경일 경우 이중성의 주성과 반성의 밝기가 동일할 땐 30″까지 분해 가능하기 때문에 용자리 뉴별을 보다 쉽게 분해할 수 있다.

헤라클레스자리

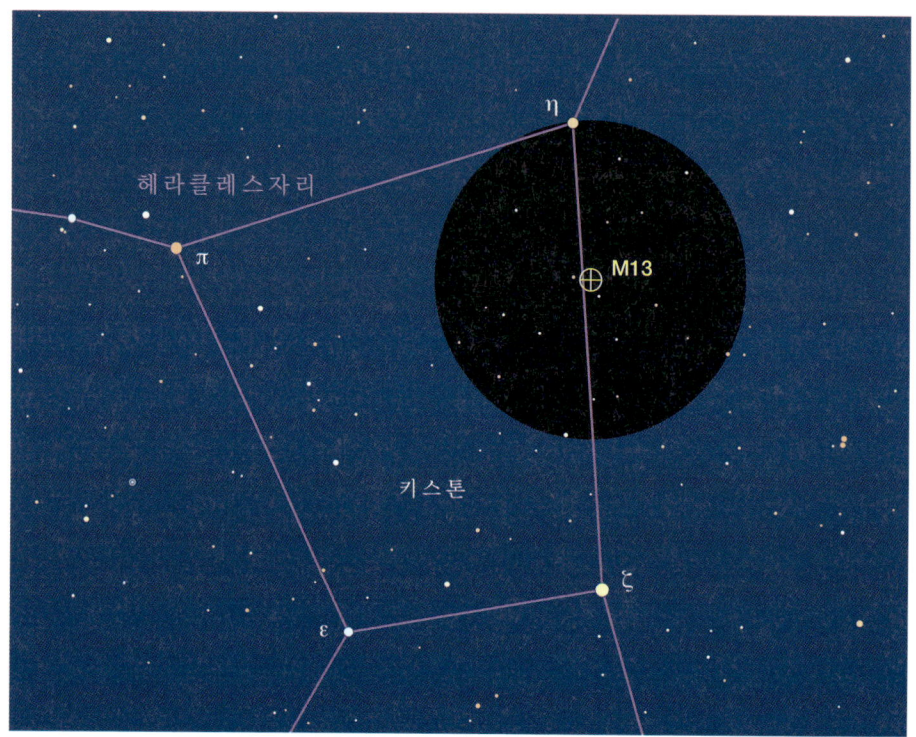

헤라클레스자리 대성단 M13

　천구의 적도 북쪽에 있는 구상성단 중에서 헤라클레스자리에 있는 M13이 가장 유명하다. 북반구 중위도 지역에서 볼 수 있는 구상성단은 매우 많고, 쌍안경으로 멋지게 보이는 구상성단이 있을지도 모르지만, 헤라클레스자리 구상성단보다 선호도가 높은 것은 거의 없다고 할 수 있다.

　약 50만 개의 별로 이루어진 이 '공'은 초여름에 바로 머리 위에 위치하게 되는데, 이는 쌍안경 관측에 있어 축복일 수도 있고 아닐 수도 있다. 성단의 고도가 제법 높기 때문에 건물이나 나무 등에 가려지는 경우는 없지만, 이 성단을 보기 위해서는 바닥에 눕거나 등받이가 뒤로 넘어가는 의자에 앉아야 목의 통증을 막을 수 있기 때문이다.

　M13을 찾는 것은 헤라클레스자리에서 키스톤(Keystone)이라 불리는 부분의 서쪽을 이루고 있는 에타(η)별에서 제타(ζ)별 방향으로 연결한 선의 2/3 지점으로 쌍안경을 향하기만 하면 될 정도로 매우 쉽다. 어두운 하늘에서는 육안으로도 아주 흐릿한 모습의 성단을 확인할 수 있지만, 교외 지역에서 작은 쌍안경으로 M13을 찾는 것은 쉽지 않다.

　실제로 보통의 별과 성단을 구별해내는 것이 팁이라고 할 수 있는데, 다행히도 성단은 마치 초점이 맞기를 거부하는 6등성 같은 느낌이며, 배율이 높아질수록 뿌연 느낌이 잘 살아나기 때문에 보통의 별과는 쉽게 구별할 수 있다. 7× 쌍안경으로 보면 별이 아니라는 것을 확인할 수 있고, 15× 쌍안경으로 보면 천체망원경으로 보았을 때 어떻게 보일지에 대한 힌트를 얻을 수 있다.

백조자리

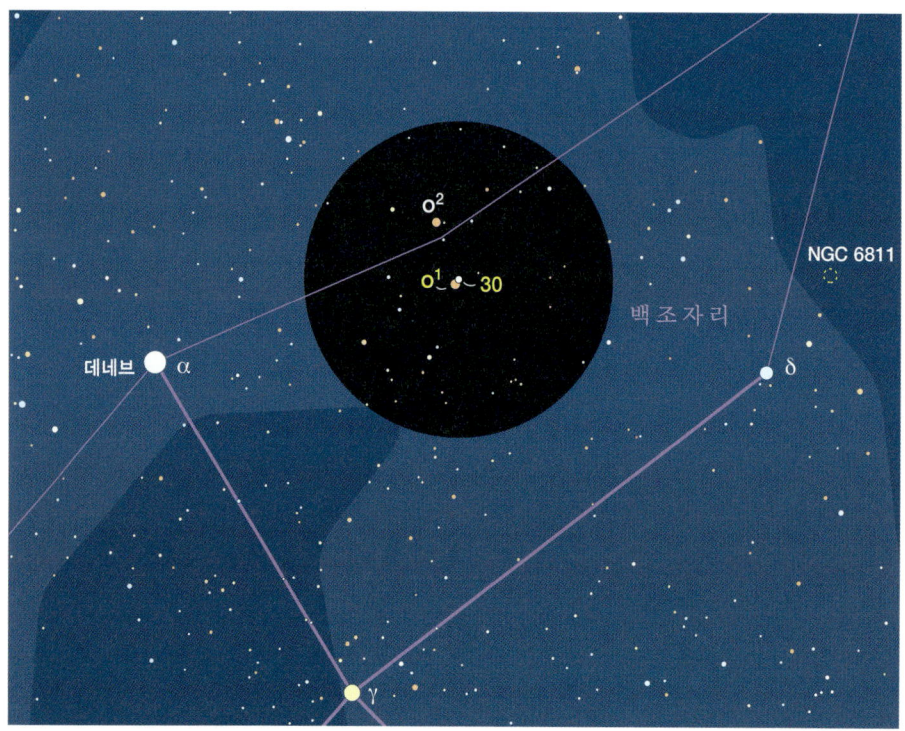

다채로운 색상의 백조자리 삼총사 : 오미크론[1](o^1)

월간 〈Sky & Telescope〉 2001년 7월호에 앨런 애들러(Alan Adler)가 쓴 '계절별로 가장 예쁘게 보이는 이중성 50개와 이를 보기 위한 최적의 배율'에 관한 기사가 실린 적이 있다. 보통 쌍안경과 이중성 관측을 함께 생각하는 경우는 거의 없지만, 애들러의 리스트는 밤하늘에서 가장 멋진 몇 개의 이중성은 쌍안경으로도 충분히 관측할 수 있다는 것을 보여준다.

애들러 리스트에 있는 이중성 중에서 7개를 보기 위한 최적의 배율 범위에 일반적인 쌍안경도 포함된다. 그중 하나가 이맘때쯤이면 저녁 하늘 높이 떠 있는 백조자리에 위치한 3개의 보석, 백조자리 오미크론[1](o^1)별이다.

이 삼총사는 황금색의 4등성(오미크론[1], 백조자리 31번 별이기도 하다)과 좀 멀리 떨어져 있는 청백색의 4.8등급 반성(백조자리 30번 별)으로 구성되어 있다. 이들의 색상을 보기 어렵다면 쌍안경의 초점을 약간 흐리게 해서 보면 된다. 초점을 살짝 흐리게 하면 별빛이 퍼져서 색 구별이 좀 더 쉽다.

오미크론[1]별에 묻혀서 거의 잊혀진, 별다른 색이 없는 7.0등급의 세 번째 별이 있다는 것도 잊지 말자. 단단히 고정된 10× 쌍안경으로는 이 3개의 별을 한 번에 볼 수 있다. 하지만 7× 쌍안경으로는 오미크론[1]별의 반성을 분해하기가 쉽지 않다.

백조자리

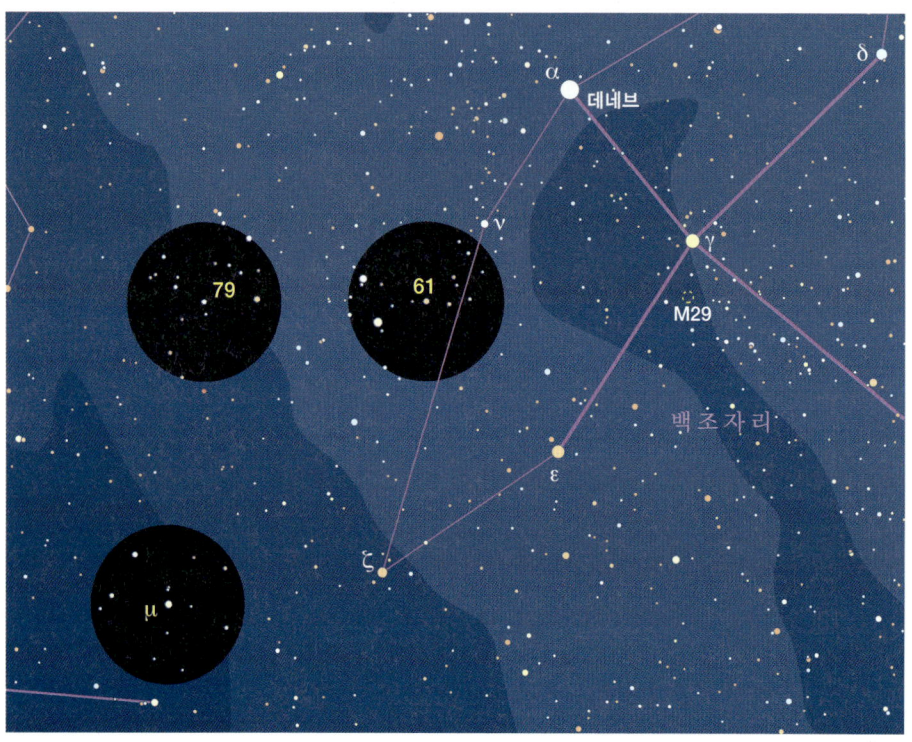

백조자리의 이중성 3개 : 뮤(μ), 79번, 61번

백조자리 동쪽에 숨어 있는 이중성 삼총사는 쌍안경으로 우주 커플을 찾아 관찰하는 즐거움을 선사한다. 경험으로 보건대 300″를 쌍안경의 배율로 나누면, 밝기가 동일한 이중성의 경우 얼마나 떨어져 있어야 분해되어 보이는지를 대략적으로 알 수 있다. 예를 들어 10× 쌍안경이라면 30″(300/10) 떨어져 있는 이중성을 분해할 수 있는 것이다. 하지만 실제 관측에서 이게 잘 맞을까?

이번에 소개할 첫 번째 이중성인 백조자리 뮤(μ)별(각각 4.4등급과 7.0등급)은 서로 198″ 떨어져 있기 때문에 추측한 대로 손떨림 방지 기능이 있는 10×30 쌍안경으로 쉽게 분해가 가능하다. 한 시야 안에서 이 이중성은 그 동쪽에 있는 두 개의 5등성과 이등변삼각형을 이루고 있어 매력이 더해진다. 뮤별에서 0.5° 북쪽에는 7등성 두 개로 구성된 이중성이 위치하고 있다.

뮤별에서 북쪽으로 9° 떨어진 곳에는 백조자리 79번 별이 있다. 5.7등성과 7.0등성이 한 쌍을 이루고 있으며, 두 별 사이의 각 거리는 150″이지만 뮤별에 비해 분해하는 것이 어렵지 않다. 뮤별은 두 별의 밝기 차이가 2와 1/2등급인 것에 비해 79번 별은 1과 1/2등급밖에 차이가 나지 않기 때문이다.

마지막으로 소개할 이중성은 백조자리 61번 별이다. 5.2등성과 6.0등성으로 구성되어 있으며, 서로 31″ 떨어져 있다. 경험에 비춰봤을 때 이 이중성은 10× 쌍안경으로 분해하기가 매우 어렵다. 그나마 쌍안경의 초점이 정밀하게 맞은 경우에만 분해가 가능하다. 하지만 손떨림 방지 기능이 있는 15×45 쌍안경으로는 쉽게 분해가 가능했고, 풍부한 은하수가 배경으로 있어 아주 매력적인 모습으로 볼 수 있었다.

백조자리

백조자리의 산개성단 M39

　백조자리는 크기가 크고 북쪽 하늘의 은하수 중심부에 놓여 있다는 이점에도 불구하고 쌍안경으로 볼 만한 대상이 거의 없다. 어두운 하늘에서 희미하게 뻗어나온 은하수가 백조자리의 길이 방향으로 지나가는 것을 보면 쌍안경의 시야 가득 숨막힐 정도로 많은 별들이 있음을 알게 된다. 하지만 백조자리에는 M29와 M39, 단 두 개의 메시에 목록만이 존재한다.

　백조자리에 있는 두 개의 산개성단 중 M39가 더 볼 만하다. 적당히 어두운 곳에서 손떨림 방지 기능이 있는 10×30 쌍안경으로 보면 10여 개의 별들이 모여 있고, 이중에서 밝은 별 몇 개가 확실한 이등변삼각형 모양을 이루고 있는 것을 알 수 있다. 은하수가 지나가는 구역이라 배경에 별이 빽빽하게 차 있음에도, 백조자리에서 가장 밝은 별인 데네브(Deneb) 주변을 살펴보면 생각보다 쉽게 찾을 수 있다. 교외의 밤하늘에서는 M39의 매력이 조금 떨어지긴 하지만, 8등급 이상의 별이 7개 이상 있기 때문에 여전히 쉽게 찾을 수 있다.

　아이러니하게도 이웃해 있는 백조자리 별 구름의 유혹에 빠져 이 지역을 보고 즐기느라 어두운 하늘에서는 오히려 M39를 잘 보지 않게 된다. 하지만 교외 지역의 관측자에게는 M39가 거의 유일한 볼거리라 할 수 있다.

백조자리

코쿤 성운으로 가는 길 : B168(버나드 168)

필자는 암흑성운을 좋아한다. 성간 먼지구름의 실루엣이 별이 풍부한 은하수를 듬성듬성 가려서 은하수가 3차원처럼 현실적으로 느껴진다.

가장 좋아하는 암흑성운 중 하나는 버나드 168(Barnard 168)로, 필자는 이를 '코쿤 성운으로 가는 길'이라고 부른다. 망원경 파인더를 통해 코쿤 성운(IC 5146)을 찾고자 할 때 이 어두운 틈을 따라가다 보면 발광성운에 이르게 된다.

B168은 6×30 파인더보다 더 많은 별빛을 모을 수 있는 10×50 쌍안경에서 더욱 잘 보이지만, 코쿤 성운 자체는 너무 어두워 쌍안경으로는 보이지 않는다.

B168을 보기 위해서는 하늘에 광해가 없어야 한다. 이 암흑성운을 찾는 가장 빠른 방법은 데네브에서 동북동 방향으로 7°(쌍안경의 한 시야 정도의 거리) 움직여 시야 안에 산개성단 M39가 들어오게 하고, 다시 M39를 쌍안경 시야 안에서 서쪽 끝자락에 오게 하면 시야의 동쪽 끝자락에서 B168을 볼 수 있다. 물론 은하수가 더 밝게 보이는 곳일수록 코쿤 성운으로 가는 길을 보다 쉽게 찾을 수 있다.

거문고자리

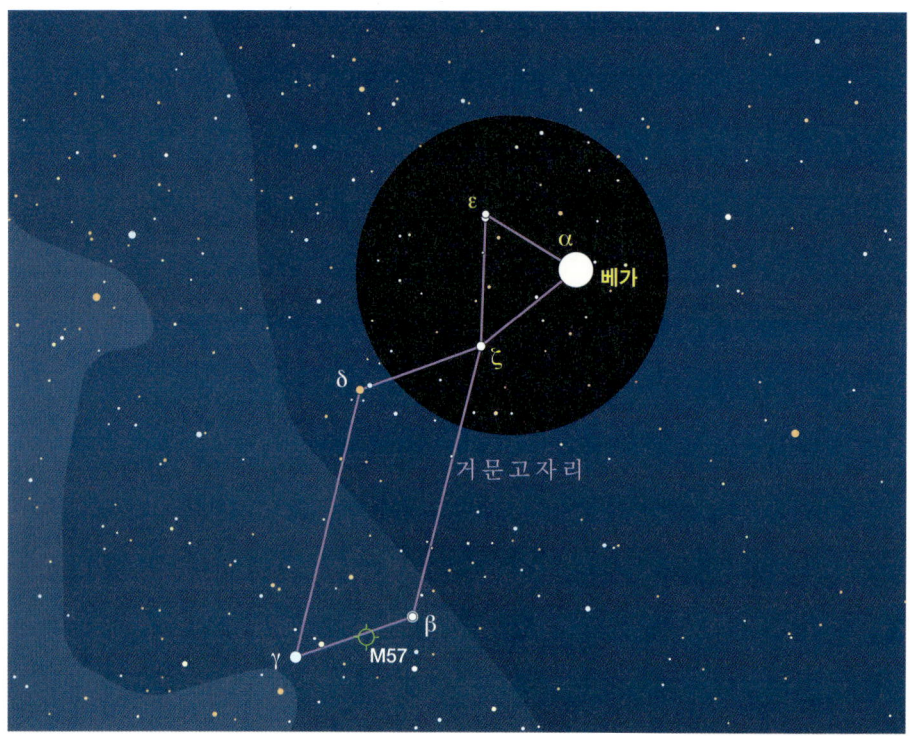

여름의 또 다른 삼각형 : 베가, 엡실론(ε), 제타(ζ)

여름철의 밤하늘에서 가장 눈에 잘 띄는 3개의 별 베가·데네브·알타이르로 이루어진 대삼각형에 대해 한 번쯤은 들어보았을 것이다. 또 다른 여름의 삼각형은 베가를 포함해 거문고자리의 엡실론(ε)별과 제타(ζ)별로 이루어져 있다.

밤하늘에서 5번째로 밝은 별인 베가는 맨눈으로 봐도 그렇지만 쌍안경으로 보면 더 찬란하다. 베가의 북동쪽에는 그 유명한 더블-더블(Double-Double)로 불리는 거문고자리 엡실론(ε)별이 있다. 서로 간의 거리가 멀고 밝기와 색상이 거의 비슷한 흰색의 엡실론[1]과 엡실론[2]는 어떤 쌍안경으로 보아도 쉽게 분해해서 볼 수 있다. 그러나 각각 별의 반성을 분리해서 보고 싶다면 천체망원경의 높은 배율이 필요하다.

엡실론별의 남쪽에는 삼각형의 다른 꼭짓점을 이루고 있는 제타별이 위치하고 있다. 제타별도 쌍안경으로 볼 수 있는 이중성이지만, 서로 간의 거리가 가까울 뿐만 아니라 주성의 밝기가 반성보다 3.5배 밝기 때문에 엡실론별보다는 분해가 어렵다.

밝기 차이가 많이 나는 이중성은 밝기가 서로 비슷한 이중성보다 분해가 어렵다. 제타별을 분해해서 보기 위해서는 잘 고정된 최소한 10× 쌍안경이 필요하며, 초점이 아주 잘 맞아야 한다.

거문고자리

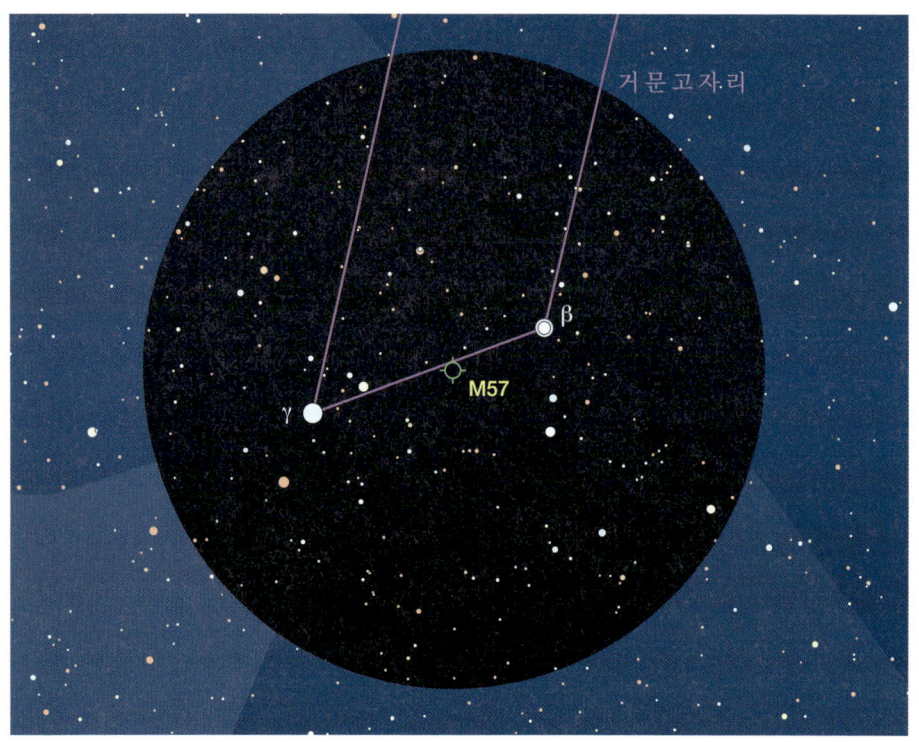

M57 그리고 '예상'의 중요성

찾기 어려운 딥스카이 천체를 관찰할 때야말로 여러분의 관측 기술, 장비의 성능, 하늘의 상태, 그리고 가끔은 인내심을 시험해볼 수 있는 좋은 기회이다. 아무리 애를 써도 목표물을 찾을 수 없어 좌절감을 느낄 때가 바로 인내심이 필요한 순간이다. 이럴 땐 잠깐 멈춰서 심호흡 한 번 하고 마음을 비운 다음 뭐가 문제인지 찬찬히 짚어보자.

대상을 못 찾는 이유에는 세 가지 원인이 있다. 정확한 지점을 보고 있지 않거나, 관측 장비나 하늘의 상태에 비해 찾고자 하는 대상이 너무 어둡거나, 예상과는 너무 다른 모습을 하고 있거나이다. 거문고자리에 있는 고리성운 M57이 제대로 못 찾아보는 대표적인 사례에 꼽히는데, 쌍안경으로 보기에는 쉽지 않은 것으로 악명이 높다.

그런데 이 성운의 위치를 찾는 것은 의외로 아주 간단하다. 왼쪽의 성도에 나와 있는 것처럼 M57은 두 개의 3등성 중간에 위치해 있다. M57은 8.8등급으로 아주 밝다고 할 순 없지만 50mm 쌍안경으로 볼 수 있는 범위 안에 포함된다. 그렇다면 적당한 장비를 가지고, 정확한 위치를 향하고 있는데 왜 여전히 보이지 않는 것일까? 이런 경우 세 번째 원인인 '우리의 예상과는 다르다'는 점을 생각해볼 수 있다.

어떤 딥스카이 천체를 처음 보려고 시도할 때 실제로 어떻게 보일지 알지 못하는 경우가 많다. M57의 경우 이전에 천체망원경으로 본 모습이나 컬러사진의 기억으로 접근하면 쌍안경으로 관측할 때 놓칠 수 있다. 고리의 크기는 가로, 세로 각각 80″와 60″에 불과하기 때문에 고리성운을 보고자 하면 어두우면서도 약간 초점이 맞지 않는 듯한 모습의 별처럼 보이는 것을 찾아야 한다. 이런 이미지를 마음속으로 생각하면서 고리성운이 있는 위치를 천천히 살펴보면 M57을 찾을 수 있다. '예상'이 중요하다.

화살자리

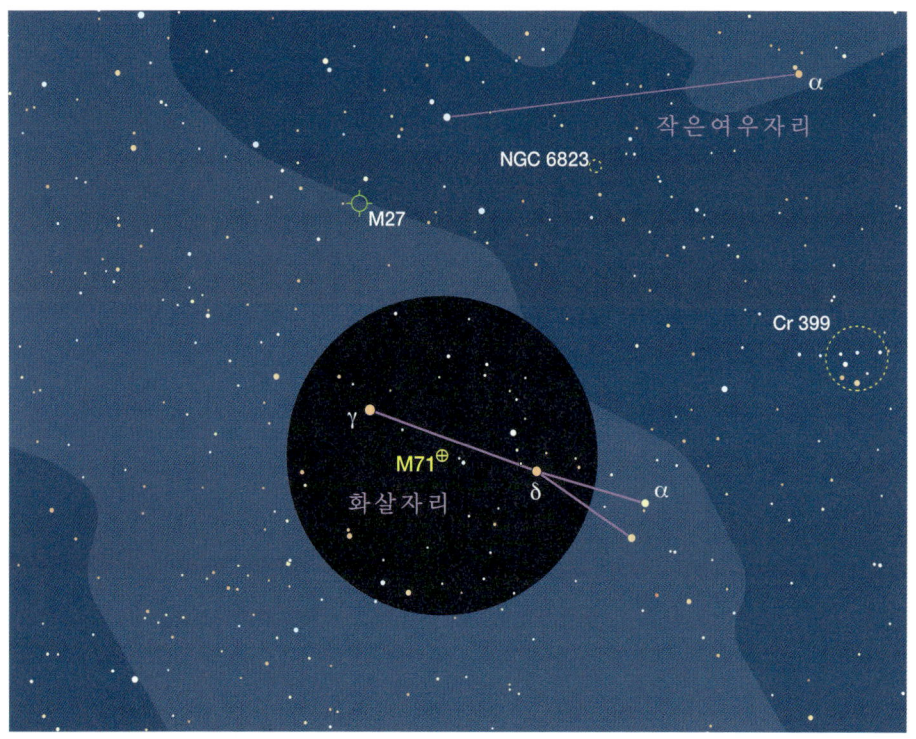

멋진 화살자리 : M71

쌍안경으로 한 시야에 모두 볼 수 있는 별자리가 있을까?

정답은 '그렇다'이다. 아주 작은 별자리인 화살자리가 그것이다. 특별할 것 없는 별자리인 조랑말자리나 남십자성이 천구에서 차지하는 면적은 화살자리보다 조금 작지만, 오로지 막대기 모양(길이가 5° 밖에 되지 않는다)을 하고 있는 화살자리만이 그 전체 모습을 쌍안경 안에 한번에 담을 수 있다. 밝은 은하수 속에서 어두운 별이 만드는 이 작은 별자리의 독특한 모양은 얼마나 아름다운지! 게다가 이 화살자리에는 쌍안경으로 볼 만한 보물도 두어 가지 품고 있다.

화살자리의 화살 부분은 밝기가 비슷한 4개의 별로 이루어져 있어 눈에 더욱 잘 띈다. 7× 또는 10× 쌍안경으로 보면 별자리의 아름다운 모습이 한눈에 들어온다. 화살자리에서 볼 만한 것을 잠깐 살펴보자.

화살자리의 감마(γ)별과 델타(δ)별(화살촉을 이루는 별) 사이의 중간 부분을 살펴보면 8등급의 성단인 M71을 볼 수 있다. 이 성단은 밀도가 느슨한 구상성단일까? 아니면 특이하게 밀도가 높은 산개성단일까? 예전의 천문학자들은 이에 대한 확신이 없었으나, 오늘날에는 M71이 상대적으로 거리가 가까운 13,000광년 떨어진 구상성단이라는 데 이견이 없다.

화살의 꼬리에서 북서쪽을 살펴보면 옷걸이(Coathanger)로 알려진 Cr 399를 지나게 된다. 자세한 내용은 '은하수의 선물(121페이지 참고)'을 살펴보자.

작은여우자리

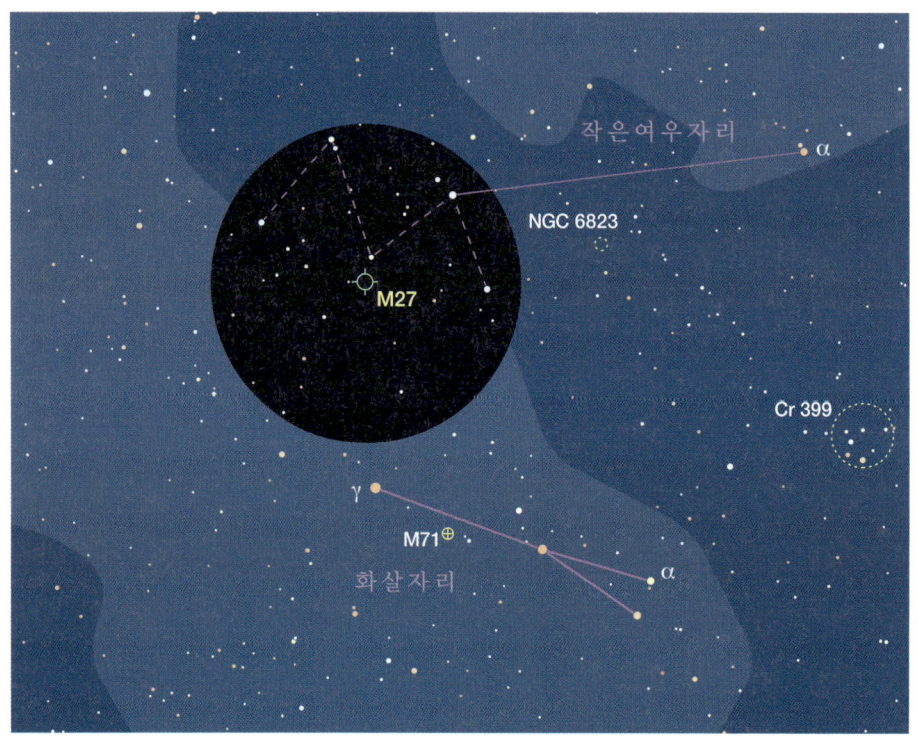

작은여우자리의 아령 성운 M27

115페이지에서 필자는 쌍안경으로 거문고자리의 고리성운 M57을 찾는 방법에 대해 설명했다. M57은 작기 때문에 그 위치를 훑어보다가 그냥 지나치기 쉽다. M57을 비롯한 행성상성운의 대부분이 이러한 특성을 가지고 있다. 쌍안경으로 볼 만큼 충분히 밝으면서도 별과는 다르게 보이는 행성상성운의 목록 수는 매우 적다.

사실 메시에 목록에는 4개의 행성상성운만이 포함되어 있는데, 그중에서 작은여우자리에 있는 M27(아령 성운, Dumbbell Nebula)이 가장 크고 밝다. 약 1,300광년 떨어져 있는 이 성운은 크기가 350″로, 이는 상대적으로 거리가 가깝다는 것을 의미한다.

밝기가 7.3등급인 M27은 북쪽 은하수의 별이 많은 지역을 배경으로 빛나고 있다. 그런데 작은여우자리가 워낙 작고 눈에 잘 들어오지 않는 별자리이기 때문에 M27을 찾는 것이 문제가 된다. 필자는 화살자리의 화살촉 부분에 위치하는 화살자리 감마(γ)별에서 출발해 북쪽으로 3° 움직여 M27을 쉽게 찾는다.

쌍안경의 시야 안에 M27을 넣으면, 5등성으로 구성된 M 모양의 성군 가운데 별 바로 아래에 작은 원반이 빛나고 있는 것을 볼 수 있다. 그러나 일반적인 쌍안경의 배율이 충분하지 않기 때문에 성운의 아령 모양을 확인할 수는 없다.

작은여우자리

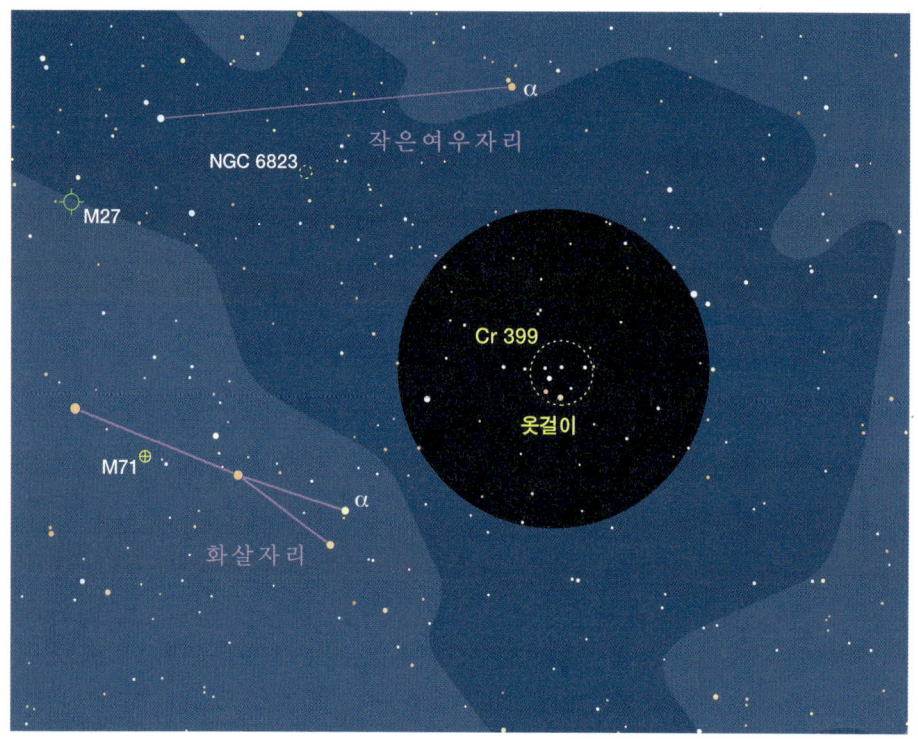

은하수의 선물, 옷걸이 성단(Cr 399)

　한낮의 열기가 아직 남아 있는 여름의 늦은 오후, 이럴 땐 명상하듯 가볍고 느긋하게 별을 관측해보자. 은하수의 밝은 줄기를 따라 천천히 쌍안경을 들여다보면 어느 순간 뜻하지 않은 보물을 발견할 수도 있다. 브로치 성단(Brocchi's Cluster, Cr 399)이 필자에게 딱 그런 경우였다.

　몇 년 전, 라운지 의자에 앉아 편안한 자세로 시골 밤하늘에 쏟아지듯 펼쳐진 별빛을 감상할 때였다. 쌍안경으로 백조자리의 남동쪽을 이리저리 훑어보다가 우연히 이 작은 성단과 마주쳤다. 전에는 왜 이 별무리를 알아보지 못했을까 새삼 놀라웠다. 이보다 더욱 놀라운 것은 이 성단이 믿고 사용하던 노턴 성도(Norton's Star Atlas)에도 표시되어 있지 않았고, 메시에 목록에도 포함되어 있지 않다는 사실이었다.

　옷걸이(Coathanger, 한 번 보면 왜 이런 이름이 붙었는지 알 수 있다)라는 이름으로 더 잘 알려진 이 별무리는 5등급에서 9등급 밝기의 별 10여 개로 이루어져 있다. 보기와는 달리 이 옷걸이는 진짜 성단이 아니라 거리가 매우 다른 각각의 별이 같은 방향에 있는 것일 뿐이다. 그럼에도 불구하고 이 사랑스러운 별무리는 어떤 쌍안경으로도 잘 볼 수 있으며, 은하수 가운데 있는 작은 화살자리에서 북서쪽으로 5° 떨어진 곳에서 쉽게 찾을 수 있다.

독수리자리

버나드의 'E'

밤하늘을 잘 보려면 가능한 광해가 없는 장소가 좋다. 다행히도 여름철엔 휴가를 즐기러 집을 떠나 교외로 가는 사람들이 많다. 광해가 상대적으로 덜한 시골이 도시보다 은하수의 화려함을 만끽하기엔 좋다.

광해가 없는 곳에서 마침 맑은 날씨에 달이 없는 밤이라면, 여름철 대삼각형을 이루는 별 중 가장 남쪽에 있는 알타이르에서 북서쪽으로 약 3°(쌍안경 시야의 절반 정도) 떨어진 곳으로 쌍안경을 향해보자. 이 지역을 자세히 살펴보면 어두운 별빛을 배경으로 작은 크기(약 1°)의 실루엣이 E 자 모양으로 별들을 가리고 있는 것을 볼 수 있는데, 이를 '버나드의 E'라고 한다. 은하수가 밝은 지역일수록 이 모양이 더욱 잘 보인다.

버나드의 E(Barnard's E. 1891년에 사진으로 이를 발견한 맥스 울프가 '3개의 동굴성운'이라는 명칭을 붙였다)는 성간 먼지와 가스가 배경의 별빛을 가릴 정도로 진하게 모여 있는 구름이다. 이렇게 불투명한 구름을 대상으로 20세기 초 에드워드 에머슨 버나드(Edward Emerson Barnard)가 목록을 작성했다. 버나드의 E는 가장 독특한 암흑성운 중 하나로, 암흑성운을 처음 접하기에 적당한 천체이다.

방패자리

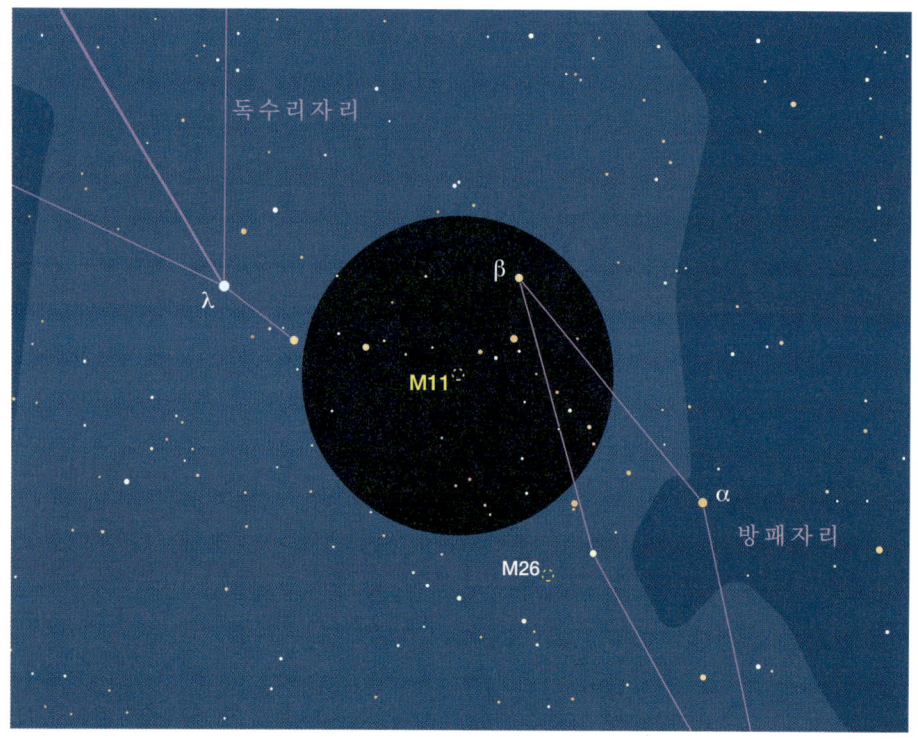

방패자리 M11

메시에 목록이 딥스카이 천체의 보물상자로 알려져 있지만, 샤를 메시에는 원래 혜성 사냥꾼이었다. 그는 혜성과 혜성이 아닌 것을 구별하기 위해 게성운 M1을 시작으로 목록을 만들기 시작했고, 자신의 굴절망원경(오늘날의 기준으로는 크기가 작은)으로 보았을 때 혜성처럼 보이는 천체를 목록에 올렸다. 그중에서도 오리성단으로 알려진, 별이 많은 산개성단 M11이 혜성과 가장 비슷하게 보였을 것이다.

M11은 작은 별자리인 방패자리에 위치하고 있지만, 독수리자리 꼬리를 연장한 곡선을 따라가면 쉽게 찾을 수 있다. 관측 조건이 좋지 않은 곳에서도 M11은 생각보다 쉽게 발견된다. 필자가 사는 광해 지역에서도 10×30 쌍안경으로 찾는 데 전혀 문제가 없었다. 내 눈에도 정말로 꼬리가 없는 혜성처럼 보였다. 이는 성단의 중앙에서 남동쪽으로 조금 벗어난 곳에 있는 상대적으로 밝은 별 때문에 M11이 마치 흐릿한 코마로 둘러싸인 혜성의 핵처럼 보이는 것이다.

뱀자리

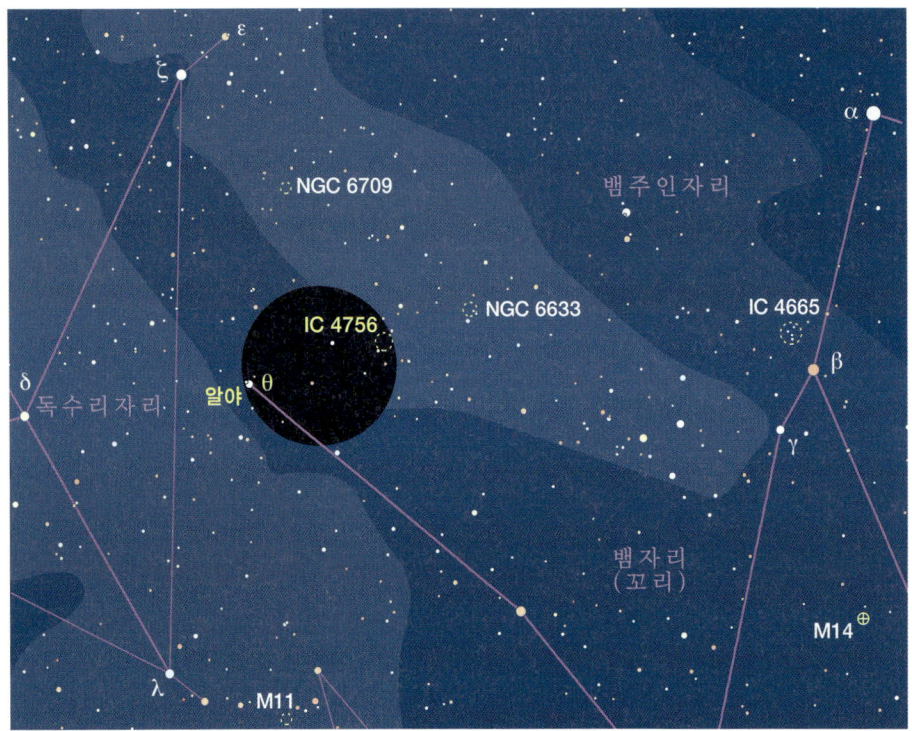

뱀자리의 IC 4756과 세타(θ)별 알야

   1년 중 이 시기의 은하수를 생각해보면 먼저 사수자리, 백조자리, 전갈자리, 독수리자리가 떠오르지만, 뱀주인자리 동쪽에 있는 뱀자리까지는 생각이 미치지 못한다.

   크고 눈에 잘 띄는 산개성단 IC 4756은 필자가 이 지역에서 가장 좋아하는 볼거리다. 이 지역을 여기저기 살피다가 IC 4756을 만나면 다른 곳을 살피고 싶어지는 마음이 사라진다. 이 성단은 어두운 별로 구성된 빛나는 물체처럼 보이며, 마치 은하수에서 떨어져나간 덩어리 같은 느낌이다. 도시의 불빛이 있는 곳에서는 밝은 별이 없는 다른 성단처럼 IC 4756을 찾기가 어렵다.

   이 성단 주변에 있는 이중성 알야(Alya)도 한번 살펴보자. 알야는 뱀자리 세타(θ)별로서 IC 4756에서 동남동 방향으로 5° 떨어진 곳에 있다. 알야의 주성과 반성의 밝기는 각각 4.5등급과 5.4등급으로 차이가 크지 않지만, 겨우 22″ 떨어져 있기 때문에 손떨림 방지 기능이 있는 쌍안경 혹은 잘 고정된 10× 쌍안경이 있어야 분해가 가능하다.

뱀주인자리

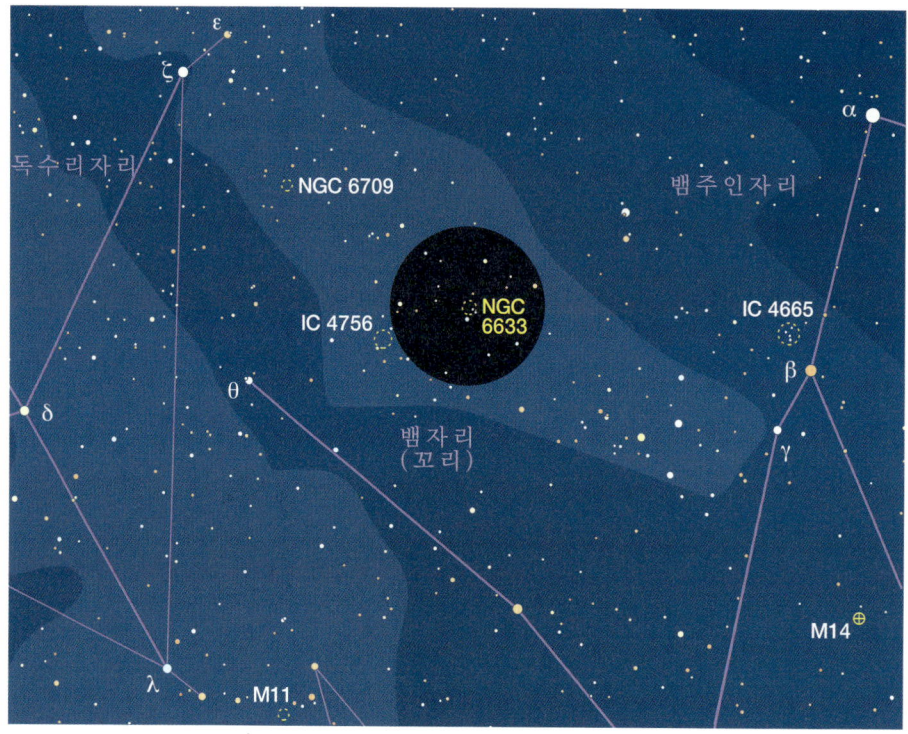

뱀주인자리에 있는 산개성단 NGC 6633

　많은 관측자들이 하늘에서 가장 밝은 딥스카이 천체는 모두 메시에 목록에 들어 있을 거라고 생각한다. 그런데 메시에 목록에 끼지는 못했지만 충분히 볼 만한 천체도 많이 있다. 뱀주인자리의 오른쪽 어깨인 베타(β)별 주변에는 쌍안경으로 잘 보이지만 샤를 메시에가 목록에 넣지 못한 3개의 산개성단 IC 4665, IC 4756, NGC 6633이 대표적이라 할 수 있다.

　각 성단은 메시에의 망원경으로 볼 수 있을 정도로 충분히 밝다. 하지만, 오늘날의 관측자들처럼 메시에 또한 독수리자리 동쪽에서 사수자리 남쪽에 이르는 볼거리 풍부한 쪽에 집중하느라 이쪽 방향의 은하수를 놓쳤던 것이 아닌가 싶다.

　3개의 성단 중 NGC 6633이 가장 눈에 띄지 않는다. 하지만 이 성단이 가장 예쁘고 충분히 찾아볼 가치가 있다. 뱀주인자리 베타별에서 동쪽으로 10° 떨어진 곳을 살펴보자. 눈이 예리한 관측자라면 10× 이상의 배율을 가진 쌍안경으로 몇 개의 별이 북동쪽에서 남서쪽 방향으로 뻗은 성긴 사다리를 구성하고 있음을 알 수 있다. 이 성단의 밝기는 4.6등급의 별과 같아서 어두운 곳에서는 쌍안경 없이 맨눈으로도 볼 수 있다.

뱀주인자리

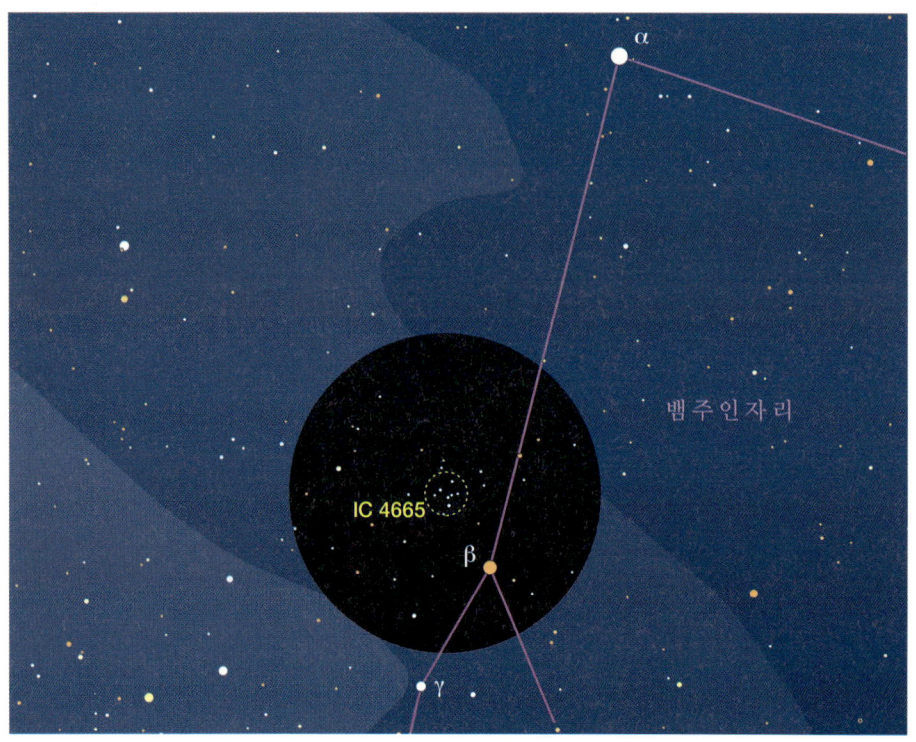

뱀주인자리의 IC 4665

여름은 깜깜한 밤하늘 은하수 아래에서 밤을 지새우기에 더없이 좋은 계절이다. 우리은하는 쌍안경 사냥감이라 할 수 있는 다양한 종류의 구상성단과 성운 그리고 가장 볼 만한 대상인 밝은 산개성단으로 뒤덮여 있다. 이중에는 페르세우스자리 이중성단(30페이지 참고)처럼 크고 눈에 잘 띄는 것들도 있고, 반대로 배경의 별보다 살짝 밝은 정도의 것들도 있다. 뱀주인자리의 IC 4665는 이 중간쯤 어딘가에 속한다.

IC 4665를 찾는 것은 매우 쉽다. 왼쪽의 성도에 나와 있는 것처럼 뱀주인자리 베타별에서 북북동 방향으로 1° 조금 더 떨어진 곳에 위치하고 있으며, 10여 개의 7~8등성을 포함하고 있기 때문에 쌍안경으로 찾아보기 좋은 대상이라 할 수 있다.

산개성단을 볼 때는 별들의 패턴과 모양이 어떤 특징을 가지고 있는지 살펴보는 것이 가장 중요하고도 흥미로운 일이다. 스테판 제임스 오메라는 『메시에 천체』에서 이 성단의 별에 대해 "마치 희한한 생물과 같다"고 설명했다. 필자의 눈에는 IC 4665의 밝은 별들이 마치 두 개의 상자와 남쪽 방향으로 휘어진 곡선처럼 보인다. 여러분의 눈에는 어떻게 보이는가?

뱀주인자리

뱀주인자리의 구상성단 두 개 : M10, M12

이 계절의 은하수 아치는 구상성단을 동반해 하늘을 가로지른다. 대부분의 구상성단은 사수자리 방향에 있는 우리은하의 중심을 둘러싸고 있으며, 7개의 메시에 구상성단이 사수자리에 위치한다.

놀랍게도, 큰(하지만 눈에는 잘 띄지 않는) 별자리인 뱀주인자리에도 사수자리만큼의 메시에 구상성단이 존재한다. 뱀주인자리 구상성단을 얼마나 많이 볼 수 있는가는 하늘의 상태와 쌍안경의 배율에 의해 결정되는데, 당연히 높은 배율과 어두운 하늘은 이 성단을 찾는 데 매우 큰 플러스 요인이 된다. 이곳의 M10과 M12로 구상성단 사냥을 시작해보자.

뱀주인자리에서 가장 큰 이 두 개의 메시에 구상성단은 하늘 가득한 별 무리 사이로 보이는 멋진 한 쌍으로, 쌍안경으로는 보통의 별과는 약간 다르게 보인다. M10과 M12는 약 3° 정도 떨어져 있다. 이 말은 쌍안경으로 두 구상성단을 한 시야 안에서 한꺼번에 볼 수 있다는 의미이다.

M10과 M12는 서로 가까이 있어 곧잘 비교를 하게 된다. 무엇이 보이는가? 크기는 어떻게 다른가? 둘의 모양은 어떻게 다른가? 여러분도 직접 한 번 비교해보자. 밝기(각각 6.6등급, 6.7등급)와 크기도 거의 비슷하지만, 실제로 봤을 때도 그런가? 이러한 질문들이 그냥 보는 것과 딥스카이 천체를 '관측'하는 것과의 차이를 만든다.

뱀주인자리

뱀주인자리 로(ρ)별

　뱀주인자리 로(ρ)별이 익숙하다면 이는 아마도 그 주변을 둘러싼 성운 때문일 것이다. 사실 아주 멋지면서 자주 사용되는 천체사진 중 하나가 데이비드 말린(David Malin)이 앵글로-오스트레일리언 천문대(Anglo-Australian Observatory)에서 촬영한 뱀주인자리 로별 주변 사진이다. 그러나 쌍안경으로는 이렇게 화려한 색상의 성운을 볼 수 없다. 그렇다고 이 주변에 쌍안경으로 볼 만한 것들이 전혀 없다는 말은 아니다. 로별 그 자체가 예쁘고 밝은 삼중성이다.

　로별은 서쪽 은하수, 별이 아주 많은 지역에 있기 때문에 이 별을 찾았다가도 놓치기 쉽다. 하지만 쌍안경의 시야 가장 아래쪽에 안타레스와 전갈자리 시그마(σ)별이 오도록 하면 로별이 시야의 중심에 위치하게 되어 아주 쉽게 찾을 수 있다.

　이 삼중성을 이루고 있는 3개의 별은 모두 밝고, 또한 간격이 넓게 떨어져 있어 일반적인 7× 쌍안경으로도 쉽게 볼 수 있다. 로별의 주성은 5등급이며, 각각의 반성은 7등급이고, 주성으로부터 2와 1/2′ 떨어져 있다. 사실 로별과 한 시야에 밝은 안타레스와 구상성단 M4가 같이 보이기 때문에 이 삼중성을 분해해 보는 데 있어 가장 큰 관건은 집중력을 유지하는 것이라 할 수 있다.

전갈자리

태양과 쌍둥이 별 18번

　천문 관련 책을 보다 보면 우리의 태양은 '평균적인' 별이며, 은하수에는 태양과 같은 별들이 아주 많다는 설명을 자주 볼 수 있다. 하지만 사실 태양의 밝기나 색상, 크기, 나이 그리고 구성 요소가 비슷한 쌍둥이 별은 아주 드물다.

　빌라노바 대학교(Villanova University)의 로렌스 E. 드워프(Laurence E. DeWarf) 외 5명의 공동 연구에 의하면, 태양과 닮은 별 중에서 가장 가까운 것은 전갈자리 18번 별이며, 이 별은 붉은 안타레스(전갈자리 알파별 – 역자 주)의 북북서 방향으로 18° 떨어진 곳에 위치하고 있다.

　지구에서 46광년 떨어진 곳에서 우리 태양계를 바라보는 것을 상상해보자. 태양은 육안으로는 어둡게 보일 것이고, 쌍안경으로는 쉽게 찾을 수 있을 것이다. 색상도 한번 살펴보자. 옅은 노란색을 띨 것이라 생각했겠지만, 놀랍게도 흰색으로 보일 것이다. 전갈자리 18번 별이 딱 이렇게 보인다.

　우리 태양과 많이 닮아 있음에도 불구하고 전갈자리 18번 별이 태양을 대체할 수 없는 이유는 태양보다 6% 정도 밝아 지구의 기후에 큰 혼란을 줄 것이기 때문이다.

전갈자리

고정하면 보이는 이중성 : 뉴(v)별

이 책의 22페이지에서 간단하지만 효과적인 쌍안경 가대(Mount) 몇 가지를 소개했다. 이러한 장비를 사용할 경우 꺼내서 바로 사용할 수 있다는 쌍안경의 장점이 사라지지만, 대신 화질이 향상되어 보다 디테일한 부분이 보이게 되는데, 특히 전갈자리 뉴(v)별처럼 가까이 붙어 있는 이중성을 볼 때 큰 도움이 된다. 전갈자리 뉴별은 전갈자리 베타별 및 넓게 떨어진 이중성인 전갈자리 오메가(ω)별과 함께 멋진 삼각형을 이루고 있는 3개의 이중성 중 하나이다.

뉴별의 구성원은 41″ 떨어져 있어 7× 쌍안경으로 분해하긴 어렵지만 10× 쌍안경으로는 분해가 쉽다. 사실 두 별의 밝기가 2등급 정도 차이 나기 때문에 분해의 난이도가 올라간다. 10× 쌍안경을 손에 들고 뉴별을 보면 언뜻언뜻 이중성으로 보인다.

이제 쌍안경을 담벼락이나 울타리 등에 기대놓고 관찰해보자. 좀 더 쉽게 이중성을 볼 수 있을 것이다. 이것이 바로 쌍안경 가대의 매력이다. 쌍안경 가대는 고배율의 쌍안경을 보다 더 잘 활용할 수 있도록 해준다.

전갈자리

구상성단의 계절 : M4, M80

우리은하는 150개가 넘는 구상성단의 고향이다. 이중 125개는 북반구 중위도 지방에서 10° 이상의 고도로 떠오른다. 하지만 대부분 쌍안경으로 보기엔 너무 어둡다. 어두운 하늘에서 단단히 고정된 10×50 쌍안경으로 몇 개의 구상성단을 볼 수 있을까? 9등급 및 10등급이 볼 수 있는 한계라고 하면 50~67개를 보는 것이 가능하다(67개 중 2개는 7월 저녁에 볼 수 있다).

각 성단의 다양한 차이점도 쌍안경으로 관찰이 가능하다. 안타레스 주변에 있는 M4와 M80은 기대한 바와는 다른 모습을 보여준다. M4는 7× 쌍안경으로 보아도 명백히 별이 아닌 천체로 보인다. 이 성단은 다른 구상성단에 비해 크게 보일 뿐만 아니라, 구상성단의 특징이라 할 수 있는 핵(작고 별처럼 느껴지는)이 보이지 않는다.

M4의 독특한 외관은 축복이면서 저주이기도 하다. 큰 크기와 퍼져 있는 모양은 어두운 하늘에서 보면 역시 독보적이지만, 별들이 뭉쳐 있는 핵 부분이 없기 때문에 광해가 있는 지역에서는 보기가 어렵다.

M4의 이웃인 M80은 M4에 비해 작고 어두우며, 보다 전형적인 형태의 구상성단이라 할 수 있다. M80을 자세히 보면서 대부분의 구상성단은 작고 어둡다는 것을 기억해두자. 구상성단을 찾는 것은 쉽지 않은데, 인내심과 세심한 스타호핑(Star-hopping) 기술을 필요로 한다. 쌍안경으로 몇 개의 구상성단을 찾을 수 있는지 한번 세어보자.

전갈자리

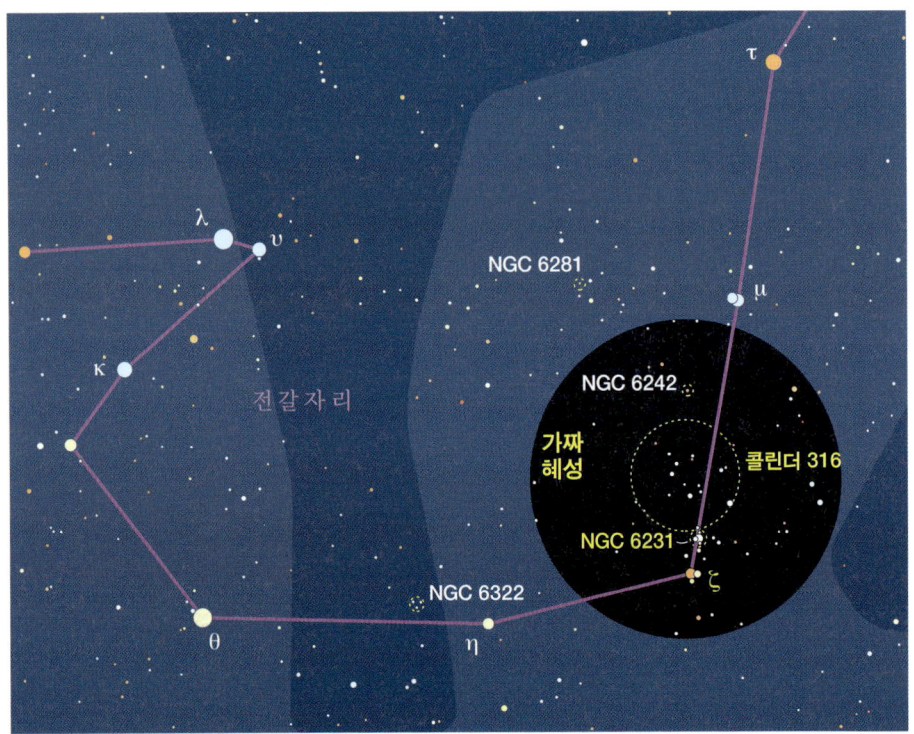

가짜 혜성

여름 밤하늘에서 가장 관심이 가는 곳 중 하나는 가짜 혜성(False Comet)으로 알려진 전갈자리 남쪽 지역이다. 육안으로 보면 마치 별과 같은 핵, 빛나는 머리 부분, 그리고 북쪽으로 뻗은 투명한 꼬리가 있는 작은 혜성처럼 보인다. 그러나 쌍안경으로 보면 풍부하고 화려한 별빛들의 모습이 마치 혜성처럼 보인다는 사실을 알 수 있다.

혜성의 머리 부분은 정삼각형 모양을 하고 있는 3개의 밝은 별로 구성되어 있다. 이중에 하나는 비교적 멀리 떨어져 있는 이중성인 전갈자리 제타(ζ)별이며, 주성은 3.6등급, 반성은 4.7등급이다.

제타별에서 북쪽으로 0.5° 움직이면 사랑스러운 산개성단 NGC 6231과 만나게 된다. 수많은 어두운 별을 배경으로 7~8등급의 별 약 8개가 단단히 뭉쳐져 있다. 이곳에서부터 어두운 별들이 북쪽 방향으로 1~2° 정도 넓고 느슨하게 퍼져 있는데, 이 별무리는 콜린더(Collinder) 316 혹은 트럼플러(Trumpler) 24로 알려져 있다. 이 별무리를 맨눈으로 보면 부채꼴 모양의 혜성 꼬리처럼 보이지만, 쌍안경으로 보면 은하수에서 지역적으로 조금 밝은 부분처럼 느껴진다.

이 가짜 혜성을 각 부분별로 관찰하는 것도 좋지만, 이 모든 것이 쌍안경의 한 시야에 다 들어오는 만큼 한 번에 보는 것이 가장 제대로 즐길 수 있는 방법이 아닌가 싶다. 마치 실제 혜성을 보는 것처럼 말이다.

사수자리

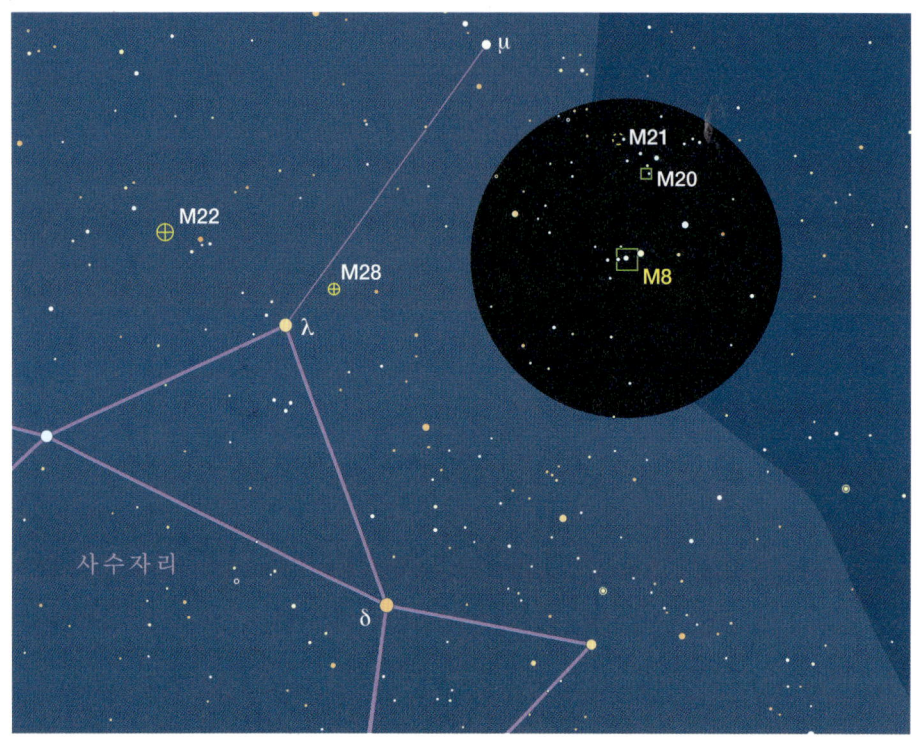

석호 성운 M8

지금이 쌍안경 천문가가 되기 가장 좋은 시기이다. 밤하늘의 보석이 가득 담긴 은하수의 중심부가 자오선을 가로지르며 좋은 날씨가 지속되기 때문이다(우리나라의 경우 여름엔 장마와 태풍이 있고 습도가 높기 때문에 관측 조건이 좋지 않다. - 역자 주). 긴 의자에 누워 편안히 밤하늘을 감상하기 좋은 이 시기에 꼭 봐야 할 대상이 있다. 바로 석호 성운(Lagoon Nebula) M8이다.

사수자리의 주전자 주둥이 부근에서부터 스타호핑을 통해 차근차근 M8에 도착할 수 있지만, 이 부근에는 볼거리들이 풍성하기 때문에 스타호핑보다는 좀 더 편안하게 주변을 훑어보며 M8을 향하는 것이 좋다. 만약 동쪽에서 서쪽으로 늘어서 있는 별의 사슬이 지나가는 곳에 눈에 띄는 흐릿한 빛조각이 보이면 목표 지점에 도착한 것이다.

스테판 제임스 오메라는 『메시에 천체』에서 석호 성운을 "은하의 기체가 넓게 얼어붙은 것"으로 묘사했다. 이 산광성운(Diffuse Nebula)의 기체를 얼마나 볼 수 있는가는 늘 그렇듯 하늘의 상태에 달려 있다. 필자는 4월, 광해가 있는 교외에서 여명이 하늘을 밝히고 있는 즈음 M8을 향했을 때 10×30 쌍안경으로 석호 성운을 볼 수 있었다. 필자보다 여러분이 긴 의자 위에서 이 성운을 더 잘 볼 수 있을 거라 확신한다.

사수자리

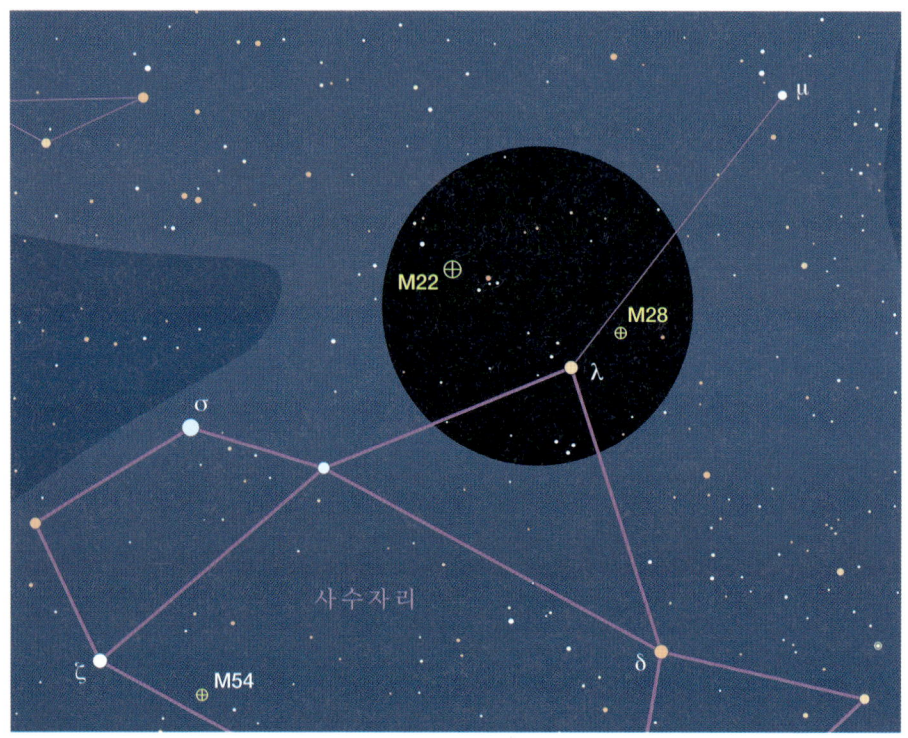

구상성단의 보석 M22

대부분의 북반구 천문가들은 정말 멋진 천체들이 모두 남쪽 지평선 너머에 있으며, 호주에나 가야 볼 수 있다고 생각한다.

북반구 중위도에 살고 있는 우리들은 정말 멋지고 대단한 구상성단을 보기가 쉽지 않지만, 남쪽 지평선 너머에서 보이는 것 못지않은 몇 개의 훌륭한 보석이 있다. 사수자리에 있는 M22도 그중 하나이다.

M22는 북반구 중위도 관측자들에 있어서 전 하늘을 통틀어 쌍안경으로 보기에 최고인 구상성단일 것이다. 밝으면서도(5.1등급) 크며(지름 24′), 주전자의 꼭대기에 해당하는 사수자리 람다(λ)별에서 북동쪽으로 조금 떨어져 있기 때문에 찾기도 쉽다. 실제로 관찰해보면 단순히 조금 퍼져 보이는 별 그 이상이라는 것을 알 수 있다. 10× 쌍안경으로 보면 광해가 있는 지역에서조차 M22의 '구상성단스러움'을 뚜렷이 느낄 수 있다.

보다 즐거운 관측을 위해 M22가 쌍안경 시야의 중앙부에서 왼쪽에 위치하도록 해보자. 한 시야 안에서 람다별과 M28을 함께 볼 수 있다. 정말 놀라운 광경이다.

M13(102페이지 참조)이 일반적으로 더 많이 알려져 있긴 하지만 M22에 비해선 좀 더 작고 어둡다. M22와 대적할 만한 유일한 상대는 전갈자리에 있는 M4로서, 북반구에서 쌍안경으로 가장 잘 보이는 구상성단이다. M4는 아주 크고 밝으며, 시각적으로도 매우 흥미롭다(140페이지 참조).

이 3가지 구상성단은 모두 여름밤에 살펴볼 수 있다. 각각의 성단을 찾아보고 어떤 것이 최고인지 여러분만의 순위를 매겨보자.

AUTUMN 가을

CHAPTER 4

9월 • 10월 • 11월

도마뱀자리	NGC 7243, NGC 7209
세페우스자리	NGC 6939, NGC 6946, 뮤(μ), 델타(δ)
카시오페이아자리	M52, NGC 7789, NGC 457, M103
안드로메다자리	M31, M32, M110, NGC 752
물고기자리	TX
페가수스자리	M15
물병자리	M2, NGC 7293
조각실자리	NGC 253, NGC 288

성도에 관하여

이번 장에서 다루고 있는 각각의 성도는 3가지 축척으로 되어 있다. 광시야 성도는 7.5등성, 중간 축척 성도는 8.0 등성, 그리고 가장 많이 확대된 성도는 8.5등성까지 표현되어 있으며, 모든 성도상의 어두운 원 부분은 일반적인 10×50 쌍안경의 시야 범위를 의미한다.

- 행성상성운
- 구상성단
- 산광성운
- 산개성단
- 변광성
- 은하

도마뱀자리

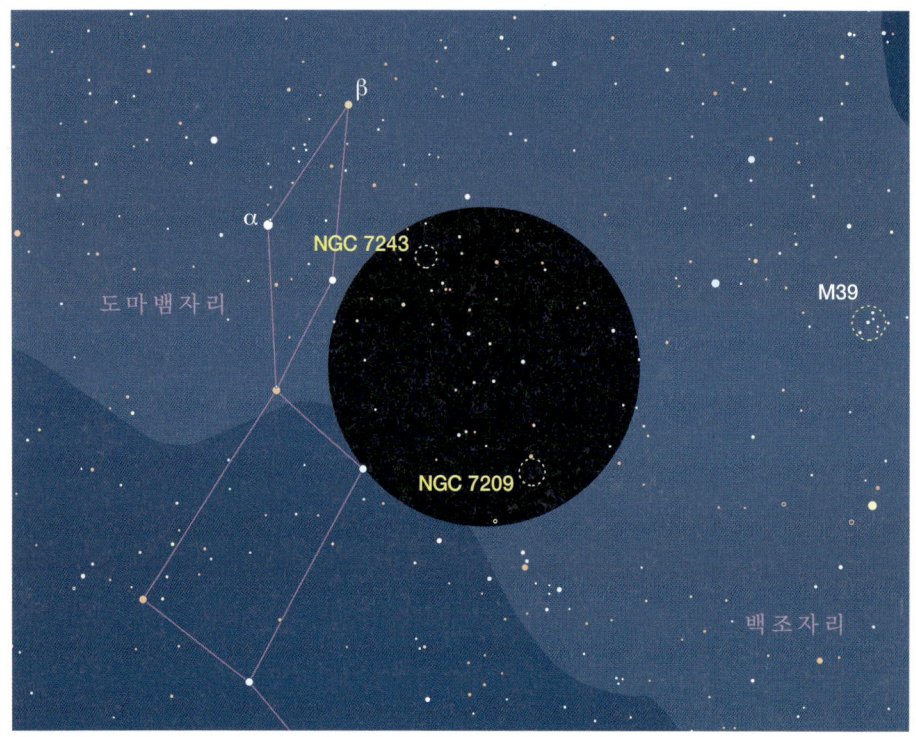

도마뱀자리 성단 두 개 : NGC 7243, NGC 7209

도마뱀자리는 그 주변에 있는 화려한 별자리들 속에 묻힌 감이 없지 않다. 실제로 도마뱀자리에서 가장 밝은 알파(α)별조차도 4등급에 불과하며, 별자리 역시 교외 지역에서도 찾기가 쉽지 않다. 그럼에도 불구하고 도마뱀자리는 은하수에 걸쳐 있고, 아름답게 펼쳐진 성야(星野)의 고향이라 할 수 있는 백조자리와 카시오페이아자리 중간에 위치하고 있다.

쌍안경으로 도마뱀자리를 보면 별자리의 주요 별들이 마치 카시오페이아자리의 축소판처럼 보인다. 그리고 카시오페이아자리의 'W'를 닮은 주변에는 어두운 하늘에서 찾아볼 만한 산개성단 두 개가 자리하고 있다. 이 두 성단 모두 아주 특별한 것은 아니며, 쌍안경으로 보았을 때 일반적인 다른 성단처럼 은하수를 배경으로 한 조금 밝고 좁은 영역으로 보인다.

두 성단 중 NGC 7243이 더 잘 보인다. 약 8개의 별들이 동서 방향으로 걸쳐 있는 사각형 모양으로 배열되어 있으며, 주변시(보고자 하는 곳의 중심에서 약간 벗어난 곳을 보는 기법. 눈동자를 살짝 움직여 눈에서 빛에 민감한 부분을 사용함으로써 어두운 사물을 느낄 수 있지만 선명도는 떨어진다. - 역자 주)로 보면 성단을 구성하고 있는 몇 개의 별이 더 보인다. 주변에 있는 NGC 7209는 둥근 모양이며, 배경에서 분리돼 보이는 몇 개의 어두운 별이 흐릿하게 빛난다.

흥미로운 건 이 성단이 쌍안경으로 가장 잘 보인다는 점이다. 10×30 쌍안경으로 이 성단을 보았던 날 밤의 기억을 더듬어보면, 필자의 8인치 망원경으로 더 잘 보일 것으로 기대했지만 실제로는 성단이 보이지 않았다. 8인치 망원경의 늘어난 집광력 때문에 성단에 속해 있는 어두운 별까지 함께 보이면서 배경에 묻힌 것이다. 다른 산개성단에서도 이런 효과를 경험한 적이 있다. 이런 경우에는 쌍안경의 제한된 집광력이 더 유리하다.

세페우스자리

NGC 6939와 NGC 6946

순간이동처럼 눈 깜짝할 사이에 몇 광년의 거리를 뛰어넘어보자. 세페우스자리 남서쪽에는 서로 1/2°(달의 시직경 정도) 떨어져 있는 딥스카이 천체가 있다. 물론 실제로는 서로 수천만 광년 떨어져 있다.

이중에서 좀 더 찾기 쉬운 것은 산개성단 NGC 6939로 우리은하에 속해 있으며, 지구에서 4,000광년 떨어져 있다. 이와 이웃하고 있는 NGC 6946은 쌍안경으로 보면 NGC 6939와 비슷해 보이지만 사실은 2,000만 광년 떨어져 있는 나선은하다. 이 두 개의 희미한 빛덩어리를 번갈아 본다는 것은 5,000배의 거리 차이를 순식간에 넘나드는 것과 같다.

이 희한한 천체 커플을 찾기 위해서는 달빛과 도시의 불빛이 없는 아주 어두운 밤하늘이 필요하다. 일단 북쪽 하늘에 높이 떠 있는 세페우스자리를 찾아보자. 세페우스자리 알파(α)별에서 시작해서 서쪽으로 4°(쌍안경의 시야와 비슷한 정도) 움직여 세페우스자리 에타(η)별로 향한다. 에타별에서 남서쪽으로 2° 움직이면 어둡게 빛나는 산개성단과 은하가 나란히 있는 모습을 볼 수 있다.

세페우스자리

 세페우스자리의 아름다운 뮤(μ)별

　개별적인 하나의 별이 쌍안경으로 볼 만한 대상 리스트에 이름을 올리는 경우는 매우 드물다. 그중에 세페우스자리 뮤(μ)별만큼 주목받는 별은 없을 것이다. 시각적으로 흥미로울 뿐 아니라 별의 습성을 이해하는 데도 도움을 주는 별이기 때문이다. 뮤별은 오리온자리에 있는 베텔게우스 같은 적색거성이지만, 크기는 그보다 더 크다. 만약 세페우스자리 뮤별이 우리 태양계 가운데 위치한다면 그 외부 대기는 목성의 궤도에 이를 것이다. 사실 이 세페우스자리의 뮤별은 얼마 전까지만 해도 우리가 알고 있는 가장 큰 별이었다(현재까지 알려진 가장 큰 별은 큰개자리 VY별이다. - 역자 주).

　진한 붉은색 때문에 윌리엄 허셜(William Herschel)의 가넷(Ganet. 석류석. 붉은색의 보석 - 역자 주)별로도 알려져 있는 뮤별은 천구의 적도 북쪽에서 육안으로 보았을 때 가장 붉게 보이는 별이다. 하지만 별의 색상은 사람들이 생각하는 것보다는 좀 부드러운 편이기 때문에 어둠 속에서 빛나는 빨간 신호등을 볼 거라는 기대는 하지 말자. 실제 10×30 쌍안경으로 보면 노란 오렌지색으로 보이는데, 이 때문에 쌍안경의 시야 안에서 쉽게 구별해낼 수 있다.

　시각적으로 뮤별이 흥미로운 또 다른 이유는 이 별이 불규칙변광성이며, 밝기가 3.4등급에서 5.1등급까지 약 5배 변한다는 점에 있다(왼쪽의 성도에서 밝기가 숫자로 표시되어 있는 다른 별들과 비교해보자).

　뮤별을 봐야 하는 이유가 아직도 충분치 않다면, 이 별의 밝기 변화가 매우 복잡하며 예측이 어렵다는 점을 고려하자. 1840년 이후의 데이터에 의하면 밝기가 변하는 주기가 두 개, 즉 850일 주기와 이보다 훨씬 긴 4,400일 간격의 주기가 있다고 한다. 현재 상태가 어떤지 궁금하다면 당장 밖으로 나가 이 별을 관찰해보자.

세페우스자리

세페우스자리 델타(δ)별 바라보기

세페우스자리 델타(δ)별만큼 관찰하는 즐거움을 주는 별은 많지 않다. 이 별은 유명한 변광성이자 멋진 이중성이기도 하다. 쌍안경으로 즐길 수 있는 델타별은 예쁘기는 하지만 분해해서 보기는 쉽지 않다. 손떨림 방지 기능이 있는 15× 쌍안경으로 41″ 떨어져 있는 이 별을 분해하는 데는 아무런 문제가 없었지만, 7× 쌍안경으로 6.3등급의 반성을 보는 것은 조금 어렵다.

주성은 세페이드 변광성의 원형으로 유명하다. 세페이드 변광성은 우주의 거리를 잴 때 아주 중요한 표준광원(혹은 표준촉광(Standard Candle))으로 활용되는 별이다. 이 별의 변광주기는 약 5일(정확히는 5.366341일)이며, 4.4등급에서 3.5등급 사이로 밝기가 변한다. 이 밝기 변화를 보기 위해 쌍안경이 필요한 것은 아니지만, 별이 가장 어두워졌을 때에는 쌍안경이 도시 관측자에게 도움이 된다. (왼쪽의 성도에서 별의 밝기 비교를 위해 등급을 표기했다. 소수점이 제외되어 있기 때문에, 예컨대 42로 표기되어 있는 별의 밝기는 4.2등급이다.)

델타별의 밝기가 밝아졌다가 어두워지는 것을 관찰하는 것은 꽤나 중독성이 있다. 며칠 밤을 관찰해보면 변광성 관측의 매력에 빠져 있는 자신을 발견하게 될 것이다. 이 불안정하게 깜빡이는 별이 호기심을 자극한다면 미국 변광성 관측자 협회(AAVSO : American Association of Variable Star Observers)의 가입을 고려해보는 것도 좋다. AAVSO의 홈페이지(www.aavso.org)를 방문하면 이 단체의 활동 내용과 변광성에 대해 좀 더 알아볼 수 있다.

카시오페이아자리

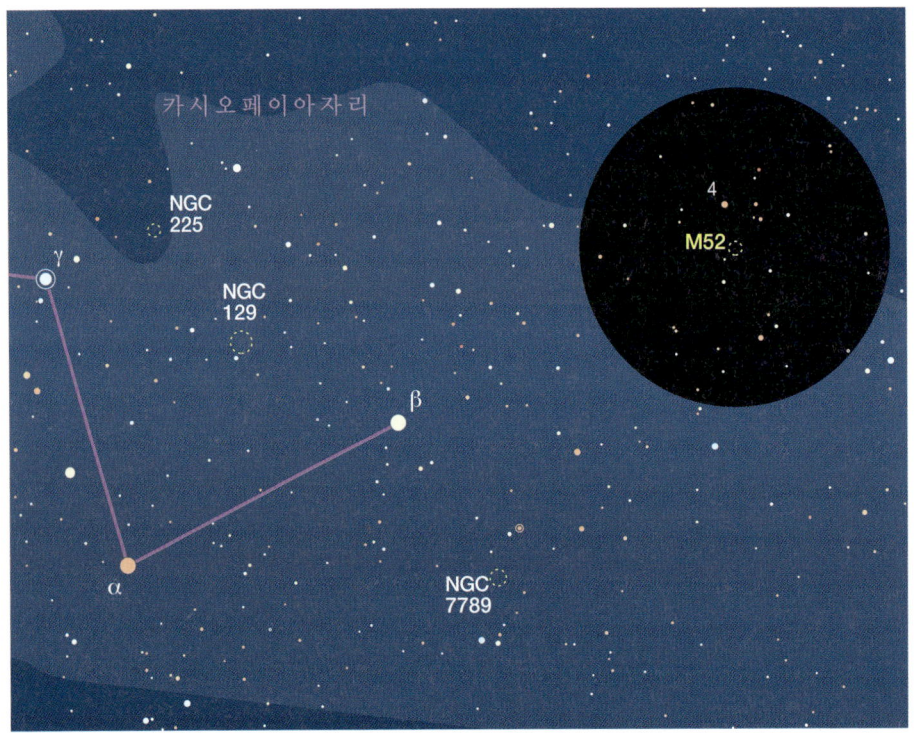

카시오페이아자리 M52

　백조자리에서 마차부자리로 뻗은 은하수에는 성단이 풍부하다. 메시에 목록에 있는 산개성단 중 매년 이맘때쯤 저녁 하늘 높이 뜨는 카시오페이아자리의 M52를 포함한 8개의 산개성단을 이곳에서 찾을 수 있다.

　M52의 밝기는 6.9등급으로 어느 정도 밝은 천체라고 할 수 있지만, 실제로는 12′에 걸쳐 빛이 넓게 퍼져 있어 보는 것이 쉽지 않다.

　다행히도 M52는 찾기 쉬운 곳에 자리 잡고 있다. 카시오페이아자리 알파(α)별에서 베타(β)별로 향하는 연장선의 거리만큼 연장한 자리에 위치하며, 또한 5등급인 카시오페이아자리 4번 별에서 남쪽으로 $0.8°$ 떨어진 곳에서 M52의 빛을 볼 수 있다.

　필자가 사는 교외 지역에서는 어둡고 뿌연 성단 속에서 10×30 쌍안경으로 단지 한 개의 별을 구분해낼 수 있었다. M52에서 과연 몇 개의 별을 세어볼 수 있을지 확인해보자. 그리고 M52 주변에서 NGC 7789(다음 페이지에 소개)와 카시오페이아자리 4번 별에서 서쪽으로 $1°$ 미만으로 떨어져 있는 곳에 위치하며 6등성과 7등성으로 이루어진 매력적인 곡선도 한번 찾아보자.

카시오페이아자리

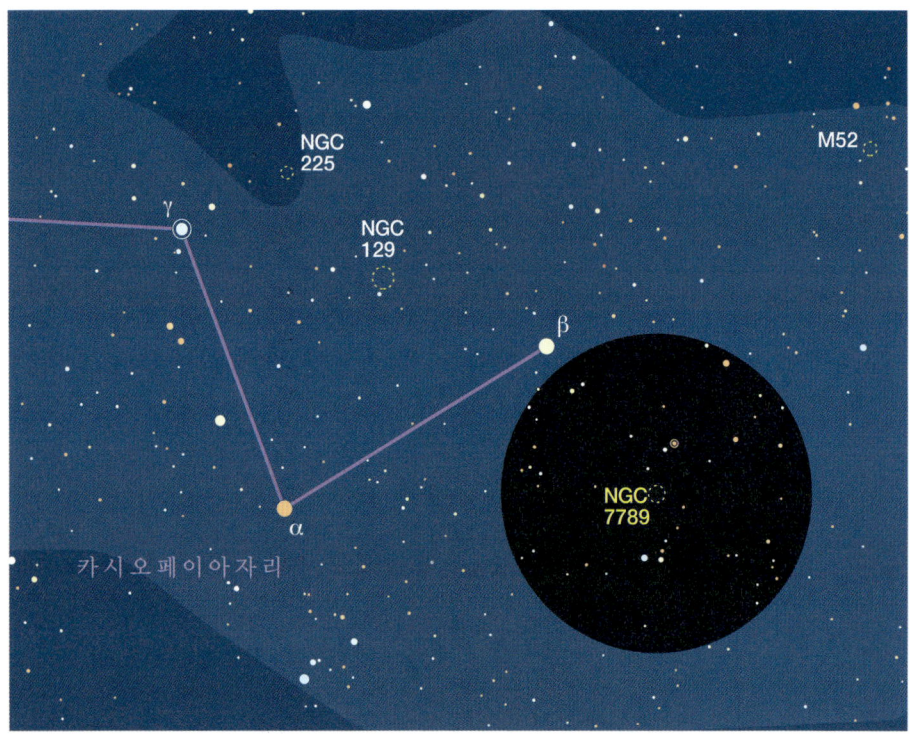

은하성단 NGC 7789

많은 아마추어 천문가들은 18세기 샤를 메시에가 혜성이 아닌 것들을 구별하기 위해 만든 메시에 목록에 '하늘에서 가장 멋지고 밝은 딥스카이 천체'가 모두 들어가 있다고 생각할 것이다. 하지만 여러 이유로 쌍안경으로도 볼 수 있는 산개성단을 포함한 수많은 아름다운 천체들이 그 목록에 빠져 있다.

비(非) 메시에 천체 중에는 특히 사랑스러운 성단인 NGC 7789가 있다. NGC 7789는 카시오페이아자리의 W 모양 서쪽 끝자락에 있는 베타별에서 남서쪽으로 쌍안경 시야의 절반 정도 거리에 위치한다. 이 성단은 백조자리 북쪽에서 시작하여 카시오페이아자리와 페르세우스자리를 지나 마차부자리까지 이어지는 가을 은하수 속에서 제대로 평가받지 못한 보석이라 할 수 있다. 필자는 이 지역을 훑어보면서 때때로 NGC 7789를 재발견하는 재미를 느끼기도 하는데, 스타호핑을 이용하면 빠르게 찾을 수는 있지만 이렇게 주변 경치를 즐기면서 찾아보는 것이 더 즐겁다.

NGC 7789는 7등성과 8등성이 흩뿌려져 있는 사이에서 둥글고 뿌연 덩어리로 보인다. 일반적인 쌍안경으로 성단에 포함된 별까지 구별해내는 것을 기대하지는 말자. NGC 7789는 약 1,000여 개의 별로 이루어져 있지만 전부 균일하게 어둡기 때문이다.

카시오페이아자리

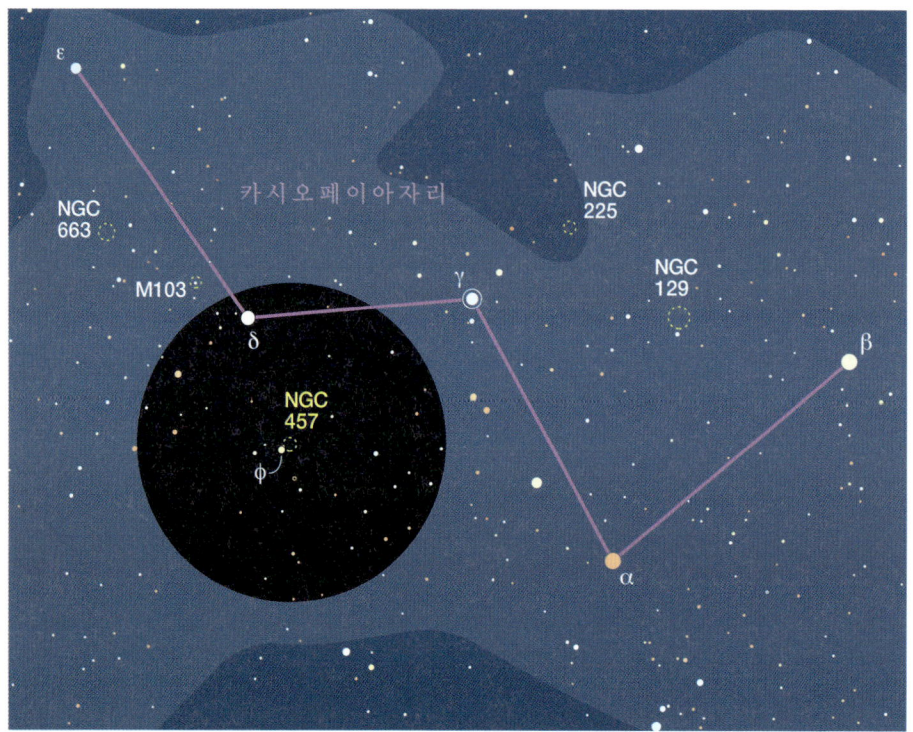

'E.T. 성단' NGC 457

카시오페이아자리의 모든 부분은 쌍안경 관측자들의 낙원이다. 북쪽으로 뻗은 은하수에는 흥미진진한 수많은 성단과 별 같은 볼거리로 가득하다. 또한 카시오페이아자리 그 자체도 천체의 위치를 찾는 데 큰 도움이 된다. 초보 관측자들도 카시오페이아자리의 특징적인 W 모양을 쉽게 찾을 수 있기 때문이다.

카시오페이아자리 델타(δ)별에서 남남서쪽으로 2° 떨어진 곳은 이 주변에서 가장 매력 있는 풍경을 볼 수 있는 장소이다. NGC 457은 그 모양이 영화 〈E.T.〉에 나오는 외계인을 닮아서 E.T. 성단으로도 알려져 있다.

E.T. 성단은 1년 중 이 시기에 하늘에 거꾸로 뒤집어져 있다. 카시오페이아자리 파이(φ)별과 그 반성은 어둠에서 빛나는 외계인의 눈을, 늘어선 별들은 몸통과 다리를 구성한다. 또한 한 쌍의 곡선은 E.T.의 팔에 위치하며, 양팔 중 하나는 하늘을 가리키고 있다.

인내심, 어두운 하늘, 삼각대에 고정된 10× 이상의 쌍안경이 있어야 이 E.T. 성단의 해부학적 구조를 볼 수 있다. 낮은 배율의 쌍안경으로 보면 파이별과 그 반성 옆에 있는 단순한 타원형의 흐릿한 빛덩어리 성단으로 보인다.

카시오페이아자리

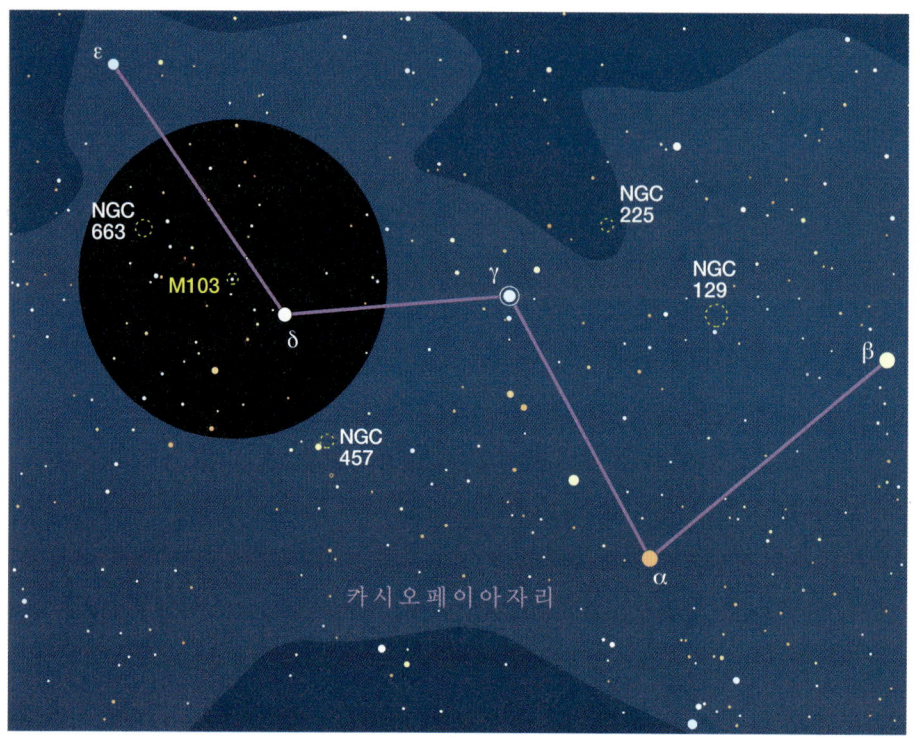

산개성단 M103

카시오페이아자리를 지나는 은하수에는 산개성단이 빽빽하게 들어차 있어 저배율의 광시야 관측 장비로 재미있게 볼 수 있다. 사실 세 권으로 구성된 천문학의 고전이라 할 수 있는 『번햄의 천문 안내서(Burnham's Celestial Handbook)』에는 카시오페이아자리에 있는 26개의 산개성단을 열거하고 있는데, 이는 다른 어떤 별자리보다 많은 숫자이다. 참고로 메시에는 M52(158페이지 참고)와 M103, 이 두 개의 산개성단만을 언급했다.

쌍안경의 중심을 카시오페이아자리 델타(δ)별로 향하면 성단 마을의 중심가에 들어오게 된다. M103은 델타별에서 북동쪽으로 1° 이내의 거리에 있어 찾기도 쉽고, 몇몇의 어두운 성단을 포함해 NGC 663과 한 시야에 보이며, 쌍안경으로 보면 작은 정삼각형을 이루는 3개의 별이 포함된, 단단히 감긴 별의 매듭처럼 보인다.

배율이 높을수록 이러한 특징이 더 잘 보이기 때문에 가능하면 10× 이상의 배율을 가진 쌍안경으로 관찰해보자. M103은 100여 개의 별로 이루어져 있으며, 광해가 있는 지역에서도 이중 몇 개는 쌍안경으로 충분히 볼 수 있다.

안드로메다자리

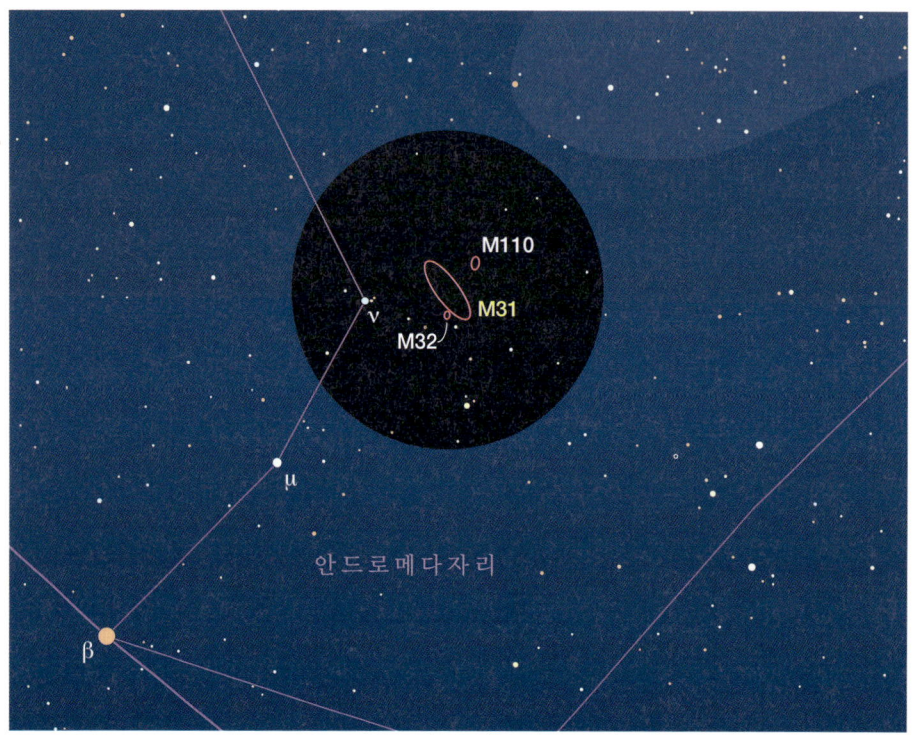

아름다운 M31

은하수와 대·소마젤란 은하를 제외하고 쌍안경 관측자들에게 가장 인상적인 은하는 M31, 즉 안드로메다 은하라는 데 반대하는 사람은 별로 없을 것이다. M31은 천구의 북반구와 남반구를 통틀어 가장 밝고 큰 은하이다. 또한 쌍안경으로 한 시야에 들어오며, 천체망원경으로도 꼭 봐야 한다.

M31은 안드로메다자리 베타(β), 뮤(μ), 뉴(ν)별을 연결한 끝에 위치하고 있으며, 하늘이 충분히 어두운 곳이라면 맨눈으로도 쉽게 볼 수 있다. 이렇게 인상적으로 보이는 이유는 거리가 250만 광년으로 가깝기 때문이다. M31은 큰 은하 중에서 우리은하와 가장 가까우며, 실제 크기는 우리은하보다 조금 더 크다.

M31은 하늘의 상태에 따라 쌍안경으로 보이는 정도가 많이 다르다. 도시에서는 M31의 밝은 핵 부분만 볼 수 있기 때문에 마치 작으면서도 꼬리가 없는 혜성처럼 느껴지지만, 하늘이 어두운 곳에서는 핵 부분에서 피어난 좌우 대칭의 어슴푸레한 타원의 형체가 시야의 절반을 가득 채우는 것처럼 보인다.

충분한 시간을 두고 이 안드로메다 은하를 즐겁게 관찰해보자. 특히 주변시로 보면서 안드로메다 은하의 어느 부분까지 볼 수 있는지 확인해보자. M31은 쌍안경으로 볼 수 있는 정말 멋진 볼거리이다.

안드로메다자리

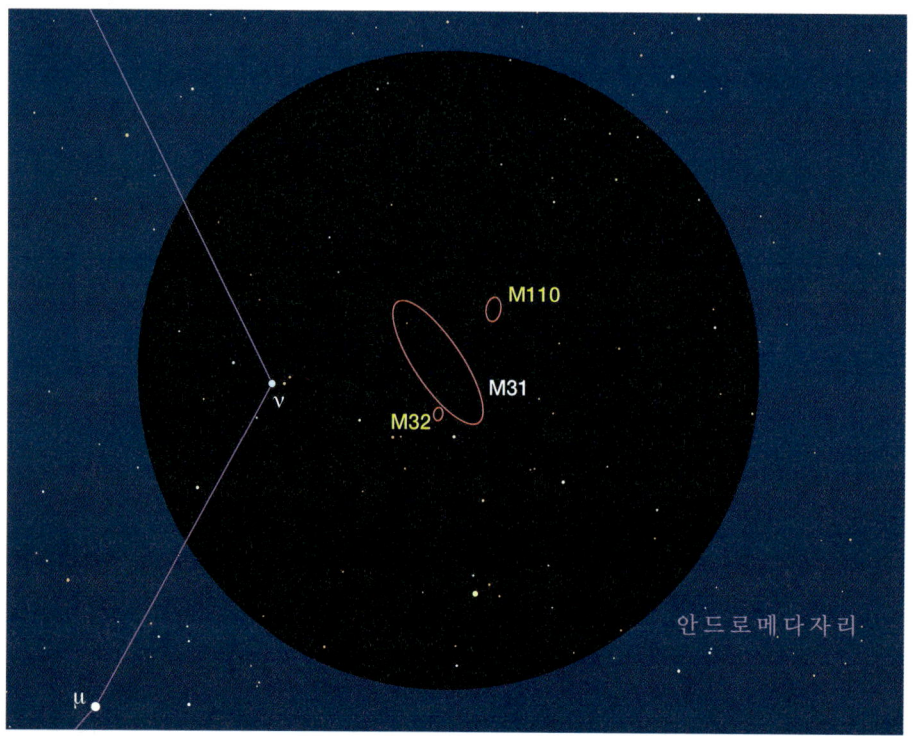

안드로메다 은하의 동반자들 : M32, M110

밤하늘의 대표적인 천체를 소개하는 목록에는 대부분 안드로메다 은하 M31이 들어간다. M31이 너무나 유명한 밤하늘의 보물이기 때문일 것이다. 하지만 두 개의 동반 은하는 관심을 거의 받지 못한다.

주 은하의 밝은 핵 남쪽에는 왜소한 타원은하 M32가 있다. 밝기(8.1등급)로는 쌍안경으로 찾는 게 어렵지는 않지만, 저배율로는 일반적인 별과 구분하기 쉽지 않다. 다행히도 비교 대상으로 활용할 수 있는 7등성이 M32 남서쪽으로 0.2° 떨어진 곳에 있다. 10× 쌍안경으로 M32를 보면 비록 유명한 이웃에 인접해 있는 작고 흐릿한 은하에 지나지 않지만 그 존재감은 확실하며, 초점이 조금 맞지 않는 별 같은 모습을 하고 있다.

안드로메다 은하의 또 다른 이웃인 타원은하 M110은 M31의 북북서쪽에 위치하고 있다. M32는 약간의 광해가 있어도 보이지만, M110은 어두운 밤하늘에서나 간신히 볼 수 있다. 밝기는 M32보다 약간 어두울 뿐이지만(8.9등급), 더 퍼져 있기 때문에 보기가 어렵다. 10×50 쌍안경으로는 주변시로 보았을 때 그 빛덩어리를 좀 더 쉽게 볼 수 있다.

M32, M110 모두 안드로메다 은하 같은 놀라움을 안겨주지는 않지만 각각 나름의 흥미로운 점을 가지고 있다. 다음에 M31을 보게 되면 그동안 방치해놓은 안드로메다 은하 이웃들의 진가를 알아보는 데 단 몇 분이라도 할애해보자.

안드로메다자리

오래된 성단 NGC 752

별로 놀랄 일은 아니지만, NGC 752에 대해선 들어본 적이 없을 것이다. 거대한 은하 M31와 화려한 페르세우스자리 이중성단과 함께 저녁 하늘에 뜨는 성단이 있다면 아무래도 무시하고 지나치기 쉽다. 그렇지만 NGC 752는 그 나름대로 매력과 볼 만한 가치가 충분한 성단이다.

NGC 752에서 주목할 만한 사실은 이 성단이 매우 오래되었다는 것이다. 대부분의 산개성단 나이는 수천만 년에서 수억 년으로 측정되는데, 천문학자들이 측정한 NGC 752의 나이는 약 20억 년 정도다. 상대적으로 아주 오래된 이 천체를 쌍안경으로 보면 미묘한 점이 있다. 이 성단에 속한 별들은 나이가 많은 만큼 서로 더 멀리 떨어져 있기 때문에, 이로 인해 NGC 752는 별들이 희박하게 분포하고 있다. 이 성단의 중심이 어디인지 알아보는 것도 하나의 도전 과제라 할 수 있다.

어느 해 여름, 캐나다 로키산맥에서 캠핑을 하던 날 NGC 752를 최고로 멋지게 보았던 기억이 난다. 맨눈으로도 희미하게 보였고, 손떨림 방지 기능이 있는 10×30 쌍안경으로 아주 잘 보였으며, 주변시로 보았을 때 성단을 구성하고 있는 별들 중 10여 개를 구분해낼 수 있었다.

하지만 어디까지가 이 성단의 끝이고, 그냥 별들이 있는 부분의 시작점인지 말하기는 쉽지 않다. 성단과 그 주변 별들에 의해 성단의 크기가 2와 1/2°에 걸쳐 있는 듯하지만, 실제로 천문 관련 목록에 올라 있는 이 성단의 크기는 여기의 절반도 되지 않는다.

또 다른 매력 포인트로는 NGC 752의 남서쪽 끝자락에 있는 이중성인 안드로메다 56번 별을 들 수 있다. 이 이중성은 두 개의 6등성으로 이루어져 있고, 거리가 200″ 떨어져 있기 때문에 광해가 있는 곳에서도 쉽게 찾아볼 수 있다.

물고기자리

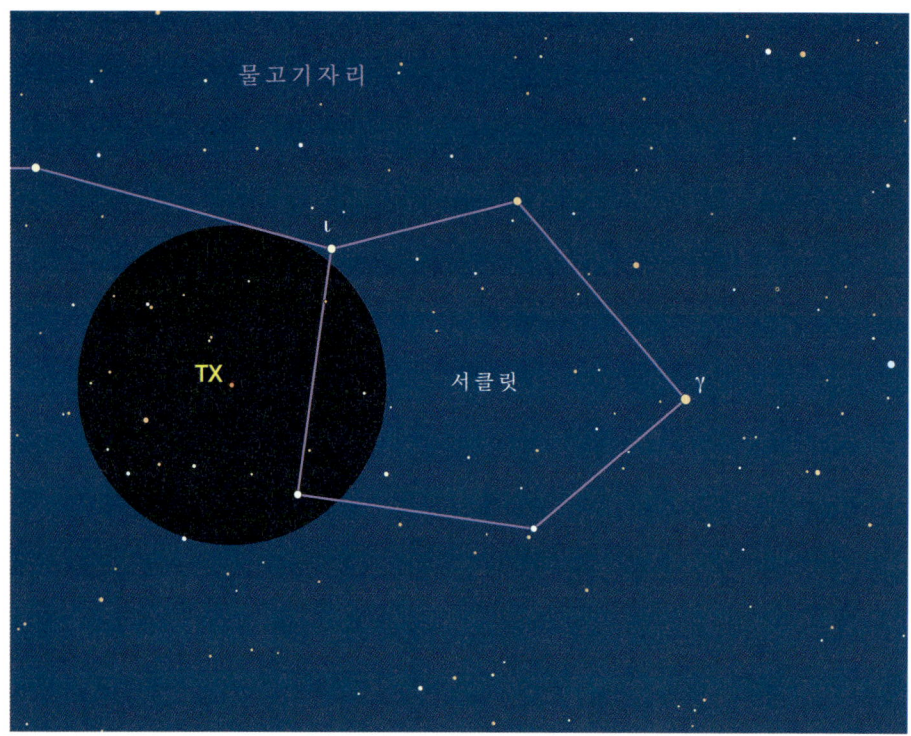

물고기자리 TX

페가수스자리 사각형의 남쪽에는 물고기자리에 속하는 서클릿(Circlet, 머리에 쓰는 관)이라는 별무리가 있다. 왼쪽의 성도에는 서클릿을 이루는 5개의 밝은 별을 표시해놓았지만 하늘이 아주 좋은 곳에서는 두 개를 더 볼 수 있으며, 이로 인해 서클릿이 더 둥글게 보인다. 추가로 보이는 이 두 개의 별 중에서 가장 동쪽에 있는 별이 4.8등급에서 5.2등급 사이로 밝기가 변하는 탄소별인 물고기자리 TX이다.

TX(물고기자리 19번 별이기도 하다)는 가장 붉은 별들 중 하나이다. 대기에 있는 탄소가 붉은색 필터 같은 작용을 해 짧은 파장(푸른색)의 빛을 차단한다. 하지만 색상이 은은한 편이기 때문에 쌍안경으로 보면 황금빛 오렌지색으로 보인다. 주변 지역을 잘 살피지 않으면 못 보고 지나치기 쉬운 별이다.

이 탄소별은 초보자들을 놀라게 하는 관측천문학의 한 단면, 즉 '우주의 아름다움은 일반적으로 예상하는 것보다 미묘한 부분이 있다'는 것을 보여준다. 별이 단적인 색상과 밝기를 가지는 경우는 극히 드물기 때문에 우리는 TX를 그냥 붉은 별이라고 부르지만, 이러한 표현은 관측자가 편견을 갖는 데 영향을 주기도 한다.

페가수스자리

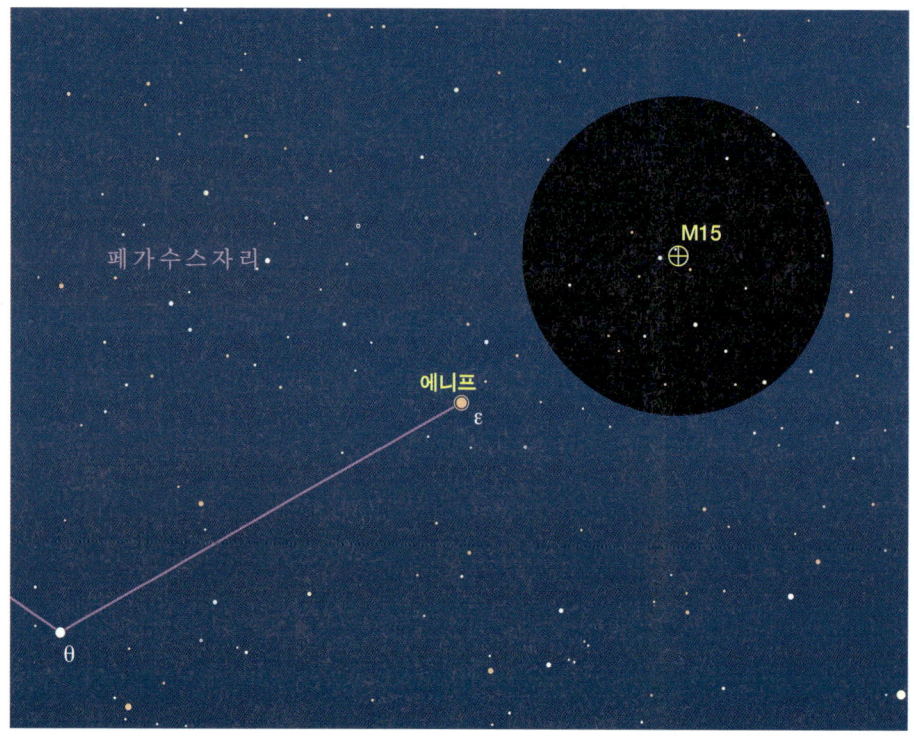

🍂 여름이여, 안녕! : M15

앞서 저녁 하늘에 M3이 보이기 시작한다는 것은 북반구에 여름이 이제 막 문턱을 넘어온 거라고 했다(75페이지 참고). 밝은 구상성단 M3이 여름을 알리는 전령 역할을 한다면, 페가수스자리에 있는 구상성단 M15는 여름이 끝났음을 알려준다. 이 계절을 나누는 성단은 특히 쌍안경 관측자들에게 있어서 몇 가지 공통점을 보여준다.

가을 저녁 하늘에 높이 떠오른 M15는 M3과 동일한 6등급의 밝기를 가지고 있다. 이는 광해의 상태와 상관없이 쌍안경으로 볼 수 있다는 것을 의미한다. 두 성단 모두 작고 별 같은 빛덩어리로 보인다.

M15는 찾기가 매우 쉽다는 점에서 M3과 확연히 차이가 난다. 페가수스자리의 대사각형 동쪽 끝에는 2.4등급의 별인 에니프(Enif), 다른 이름으로 페가수스자리 엡실론(ε)별이 위치하고 있다. 에니프를 쌍안경의 시야 안에서 남동쪽 끝으로 오게 하면 북서쪽 끝에서 M15를 볼 수 있다. 구상성단과 가을의 황금색 별이 멋진 쌍을 이룬다.

은하, 산개성단, 행성상성운 등과 비교해볼 때 구상성단이 밤하늘에서 가장 드물다. 현재까지 발견된 우리은하에 속하는 구상성단은 154개이며, M15 정도의 밝기(11번째로 밝다)를 가진 구상성단은 더욱 드물다.

물병자리

메시에 2(M2)가 빛난다

도시나 교외 지역에 사는 관측자들이 딥스카이 천체를 탐험하는 것은 정말 어려운 일이다. 밤하늘의 어둠을 방해하는 광해는 희미하게 빛나는 수많은 천체를 거의 볼 수 없게 만든다. 하지만 밝은 하늘이 모든 딥스카이 천체를 가리는 것은 아니다.

대부분의 밝은 구상성단이 그렇듯, M2는 작고 밝기 때문에 표면 광도가 높다. 밝은 정도가 작은 면적 안에 집중돼 있기 때문에 쌍안경으로 보면 마치 초점이 조금 맞지 않은 6.4등급의 별처럼 느껴진다. 찾기는 쉽지만, 한편으로는 별과 같은 외관 때문에 구별하기 어려울 때도 있다. 다행히 M2는 별들이 가득 차 있는 은하수로부터 멀리 떨어져 있으며, 그 주변에도 비슷한 밝기로 혼동을 주는 별이 거의 없다.

물병자리 베타(β)별을 쌍안경 시야의 아래쪽에 오도록 하면 밝은 도시에서도 이 성단을 찾아낼 수 있다. 여기에서 다시 북쪽을 향하면 앞의 175페이지에서 설명한 M15를 볼 수 있다. 이 두 성단은 밝기도 같고 크기도 비슷하다. 하지만 어느 쪽이 눈에 더 잘 띄는지는 직접 보고 확인해보자.

물병자리

 귀신 같은 헬릭스 성운 : NGC 7293

행성상성운은 대부분 어둡다. 커다란 아마추어용 망원경으로 봐도 별처럼 보인다. 행성상성운의 대표적인 예로 거문고자리에 있는 고리성운(114페이지 참고)을 들 수 있다. 고리성운은 마치 작고 빛나는 원반처럼 보이는데, 다른 행성상성운과는 달리 쌍안경으로 볼 수 있을 정도로 충분히 크고 밝다.

헬릭스(Helix) 성운이라 불리는 NGC 7293도 고리성운과 같은 특성을 가지고 있다. 헬릭스 성운은 하늘에서 아주 황량한 물병자리에 위치하고 있다. 이 성운을 찾기 위해서는 염소자리 델타(δ)별에서 출발하여 그 주변에서 가장 밝은 별인 포말하우트(Fomalhaut)가 있는 남동쪽으로 향하다 보면 중간쯤에 이 행성상성운이 있다.

목록에 나와 있는 크기는 13′(고리성운 지름의 10배)이고, 밝기는 7.3등급이기 때문에 찾기 쉬울 것 같지만, 빛이 넓게 퍼져 있어 표면의 밝기가 낮아 생각보다 잘 보이지는 않는다. 하늘이 아주 어두운 캐나다의 브리티시컬럼비아주에 있는 코바우(Kobau) 산에서 손떨림 방지 기능이 있는 10×30 쌍안경으로 어렵지 않게 찾아볼 수 있었다. 이곳보다 조금 덜 좋은 환경이라면 보다 높은 배율의 쌍안경으로 볼 수 있을 것이다.

조각실자리

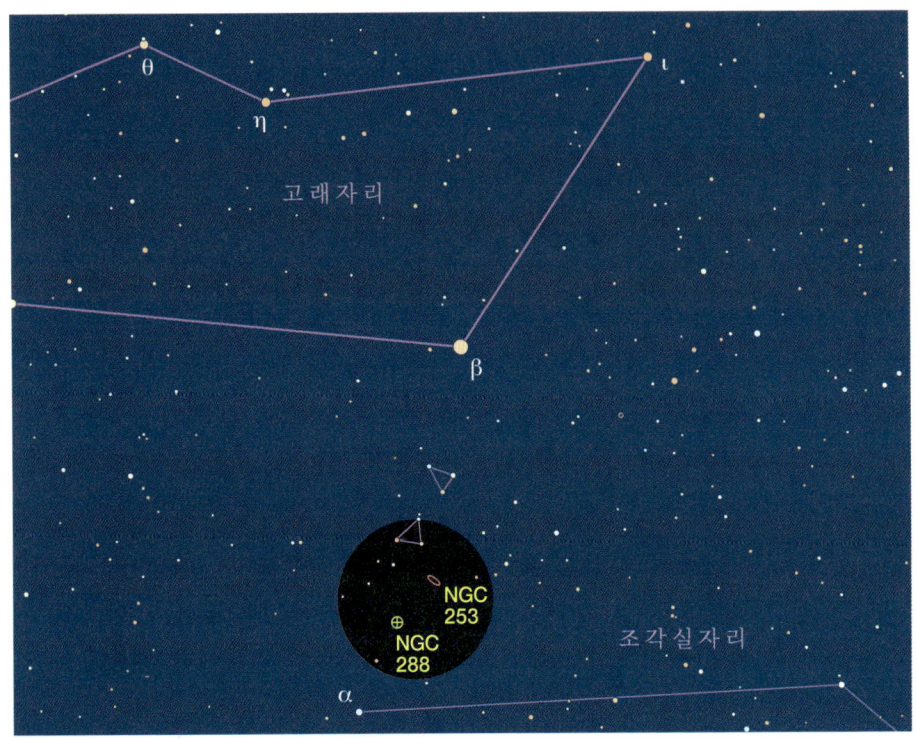

NGC 253과 NGC 288에 도전해보자!

어떤 쌍안경 관측자들은 쌍안경으로 볼 수 있는 한계치에 있는 딥스카이 천체를 사냥하는 데서 즐거움을 느낀다. 물론 쌍안경으로 도전할 수 있는 한계치라는 것이 망원경과는 다르지만, 숨어 있는 관측 대상을 찾는 스릴감은 대동소이하다.

가을의 저녁 하늘에는 관측자의 관측 기술과 하늘의 상태를 확인할 수 있는 두 개의 천체가 있는데, 하나는 측면 나선은하 NGC 253이고, 다른 하나는 구상성단 NGC 288이다.

이 둘 중에서 좀 더 쉬운 은하 NGC 253부터 시작해보자. 달이 없고 깨끗한 하늘에서 7×50 쌍안경으로 고래자리 베타(β)별에서부터 남쪽으로 5등성과 6등성으로 구성된 두 개의 독특한 삼각형을 따라가다 보면 타원형의 NGC 253을 확인할 수 있다.

큰 문제 없이 NGC 253을 찾았다면, 이곳에서 남동쪽으로 2° 이내 떨어져 있고 크기도 더 작은 NGC 288도 찾을 수 있을지 확인해보자. 이 성단은 10× 쌍안경으로도 별이 아님을 확인할 수 있지만, 눈에 확 들어올 정도로 충분히 밝지는 않기 때문에 주변시로 보아야 한다. 필자는 아주 어두운 곳에서 10×30 쌍안경으로 간신히 NGC 288을 볼 수 있었다. 하늘의 상태가 좋지 못하면 찾기 어려울 수 있지만, 그렇다고 실망하진 말자. 하늘이 충분히 어두운 날 다시 시도하면 되니까.

쌍안경 관측자를 위한 천체 목록 99선

별자리	이름	밝기	종류	페이지
안드로메다	M31(안드로메다 은하)	4.3	은하	166
안드로메다	M32	8.1	은하	168
안드로메다	M110	8.9	은하	168
안드로메다	NGC 752	5.7	산개성단	170
독수리	버나드의 E	n/a	성운	122
물병	M2	6.4	구상성단	176
물병	NGC 7293(헬릭스)	7.3	성운	178
마차부	M36	6.0	산개성단	44
마차부	M37	5.6	산개성단	44
마차부	M38	6.4	산개성단	44
목동	델타	3.6, 7.9	이중성	78
목동	뮤	4.3, 6.5	이중성	78
목동	뉴	5.0, 5.0	이중성	78
기린	켐블의 캐스케이드	n/a	성군	28
기린	NGC 1502	6.9	산개성단	28
카시오페이아	M52	6.9	산개성단	158
카시오페이아	M103	7.4	산개성단	164
카시오페이아	NGC 457(E.T. 성단)	6.4	산개성단	162
카시오페이아	NGC 7789	6.7	산개성단	160
세페우스	델타	3.5~4.4, 6.3	변광성/이중성	156
세페우스	뮤	3.4~5.1	변광성	154
세페우스	NGC 6939	7.8	산개성단	152
세페우스	NGC 6946	9.7	은하	152
큰개	M41	4.5	산개성단	52
게	뇨타	4.0, 6.5	이중성	82

별자리	이름	밝기	종류	페이지
게	M44(벌집)	3.1	산개성단	84
게	로	5.9, 6.3	이중성	82
머리털	멜로테 111(Mel 111)	n/a	산개성단	76
왕관	북쪽왕관 R별	5.8~14.8	변광성	80
사냥개	M3	5.9	구상성단	74
사냥개	M51	8.9	은하	68
사냥개	M94	8.2	은하	72
사냥개	M106	9.1	은하	70
백조	61번	5.2, 6.0	이중성	106
백조	79번	5.7, 7.0	이중성	106
백조	B168(버나드 168)	n/a	성운	110
백조	M39	4.6	산개성단	108
백조	뮤	4.4, 7.0	이중성	106
백조	오미크론	3.8, 4.8, 7.0	이중성	104
용	뉴	4.8, 4.9	이중성	100
쌍둥이	M35	5.1	산개성단	46
쌍둥이	NGC 2158	8.6	산개성단	46
헤라클레스	M13(헤라클레스자리 대성단)	5.8	구상성단	102
바다뱀	M48	5.8	산개성단	90
바다뱀	U	5~6	변광성	92
바다뱀	V	6~10	변광성	92
도마뱀	NGC 7209	7.7	산개성단	150
도마뱀	NGC 7243	6.4	산개성단	150
사자	NGC 2903	9.6	은하	86
사자	레굴루스	1.4, 8.1	이중성	88

별자리	이름	밝기	종류	페이지
사자	타우	5.0, 7.5	이중성	88
거문고	엡실론(더블-더블)	5.0, 5.2	이중성	112
거문고	M57(고리)	8.8	성단	114
거문고	베가	0.6	별	112
거문고	제타	4.3, 5.6	이중성	112
외뿔소	M50	5.9	산개성단	54
뱀주인	IC 4665	4.2	산개성단	130
뱀주인	M10	6.6	구상성단	132
뱀주인	M12	6.7	구상성단	132
뱀주인	NGC 6633	4.6	산개성단	128
뱀주인	로	5.0, 6.8, 7.3	이중성	134
오리온	베텔게우스	0.5	별	48
오리온	M42(오리온 대성운)	4.0	성운	50
오리온	NGC 1981	4.2	산개성단	50
오리온	Struve 747	4.8, 5.7	이중성	50
페가수스	M15	6.2	구상성단	174
페르세우스	알골(Algol)	2.1~3.4	변광성	36
페르세우스	알파별 성협	n/a	산개성단	32
페르세우스	이중성단	5.3, 6.1	산개성단	30
페르세우스	M34	5.2	산개성단	34
물고기	TX	4.8~5.2	변광성	172
고물	M46	6.1	산개성단	56
고물	M47	4.4	산개성단	56
고물	NGC 2451	3.5	산개성단	58
고물	NGC 2477	5.0	산개성단	58

별자리	이름	밝기	종류	페이지
조각실	NGC 253	8.0	은하	180
조각실	NGC 288	8.1	구상성단	180
전갈	18	5.5	별	136
전갈	가짜 혜성	n/a	성군	142
전갈	M4	5.6	구상성단	140
전갈	M80	7.3	구상성단	140
전갈	뉴	4.4, 6.5	이중성	138
방패	M11	5.8	산개성단	124
뱀 (머리)	M5	5.7	구상성단	96
뱀 (꼬리)	IC 4756	4.6	산개성단	126
뱀 (꼬리)	세타	4.5, 5.4	이중성	126
화살	M71	8.2	구상성단	116
사수	M8 (석호 성운)	5.0	성운	144
사수	M22	5.1	구상성단	146
황소	히아데스	n/a	산개성단	40
황소	M45 (플레이아데스)	n/a	산개성단	38
황소	NGC 1647	6.4	산개성단	42
큰곰	M81	7.8	은하	64
큰곰	M82	9.2	은하	64
큰곰	M101	8.2	은하	66
작은곰	약혼반지	n/a	성군	62
처녀	M104	8.0	은하	94
작은여우	Cr 399 (옷걸이)	n/a	성군	120
작은여우	M27 (아령 성운)	7.3	성운	118

천체관측 입문자를 위한
쌍안경 천체관측 가이드

초판 1쇄 발행 2016년 10월 20일
초판 4쇄 발행 2023년 12월 15일

저자 게리 세로닉
역자 박성래

펴낸이 양은하
펴낸곳 들메나무 **출판등록** 2012년 5월 31일 제396-2012-0000101호
주소 (10893) 경기도 파주시 와석순환로 347 218-1102호
전화 031)941-8640 **팩스** 031)624-3727
전자우편 deulmenamu@naver.com

값 20,000원
ⓒGary Seronik, 2016
ISBN 979-11-86889-06-0 (13440)

* 이 책은 저작권법에 따라 보호받는 저작물이므로 무단전재와 무단복제를 금합니다.
* 잘못된 책은 바꿔드립니다.

9월 · 10월 · 11월

이 성도를 사용하는 시간
9월 초 : 자정
9월 말 : 오후 11시
10월 초 : 오후 10시
10월 말 : 오후 9시
11월 초 : 오후 8시
11월 말 : 오후 7시

이 성도는 북반구 위도 30°에서 50° 사이에 있는 지역에서 위의 시간에서 한 시간 이내 정도의 범위에서 사용할 때 가장 정확하다. 위의 시간은 지역 표준시간 기준이며, 서머타임을 적용하는 지역의 경우 여기에 한 시간을 더한다.

이 성도를 사용하기 위해서는, 성도를 정면으로 보고 관측자가 향하고 있는 방향을 가리키는 노란색 글씨가 아래로 올 때까지 회전시킨다. 예를 들어 지금 관측자가 북쪽을 향하고 있다면, 북으로 표시된 노란 글씨가 아래쪽을 향하도록 하면 하늘의 별과 성도의 모양이 일치하게 된다. 성도의 중심은 천정, 즉 바로 머리 위를 의미한다. 실제의 밤하늘과 성도상의 별의 위치는 일치해야 한다. 성도의 중심부에서 가까운 곳에 있는 별자리일수록 실제 밤하늘에서는 머리 위 가까이에 위치한다.

동그라미 안의 숫자는 해당 지역을 설명하고 있는 페이지 번호이다. 이중에서 붉은색 숫자는 위의 날짜와 시간대에 가장 잘 보이는 천체를 나타낸다.

6월 · 7월 · 8월

이 성도를 사용하는 시간
6월 초 : 오전 1시
6월 말 : 자정
7월 초 : 오후 11시
7월 말 : 오후 10시
8월 초 : 오후 9시
8월 말 : 해 질 무렵

이 성도는 북반구 위도 30°에서 50° 사이에 있는 지역에서 위의 시간에서 한 시간 이내 정도의 범위에서 사용할 때 가장 정확하다. 위의 시간은 지역 표준시간 기준이며, 서머타임을 적용하는 지역의 경우 여기에 한 시간을 더한다.

이 성도를 사용하기 위해서는, 성도를 정면으로 보고 관측자가 향하고 있는 방향을 가리키는 노란색 글씨가 아래로 올 때까지 회전시킨다. 예를 들어 지금 관측자가 북쪽을 향하고 있다면, 북으로 표시된 노란 글씨가 아래쪽을 향하도록 하면 하늘의 별과 성도의 모양이 일치하게 된다. 성도의 중심은 천정, 즉 바로 머리 위를 의미한다. 실제의 밤하늘과 성도상의 별의 위치는 일치해야 한다. 관측자가 향하고 있지 않는 방향의 지평선 위쪽의 내용들은 무시한다.

동그라미 안의 숫자는 해당 지역을 설명하고 있는 페이지 번호이다. 이중에서 붉은색 숫자는 위의 날짜와 시간대에 가장 잘 보이는 천체를 나타낸다.

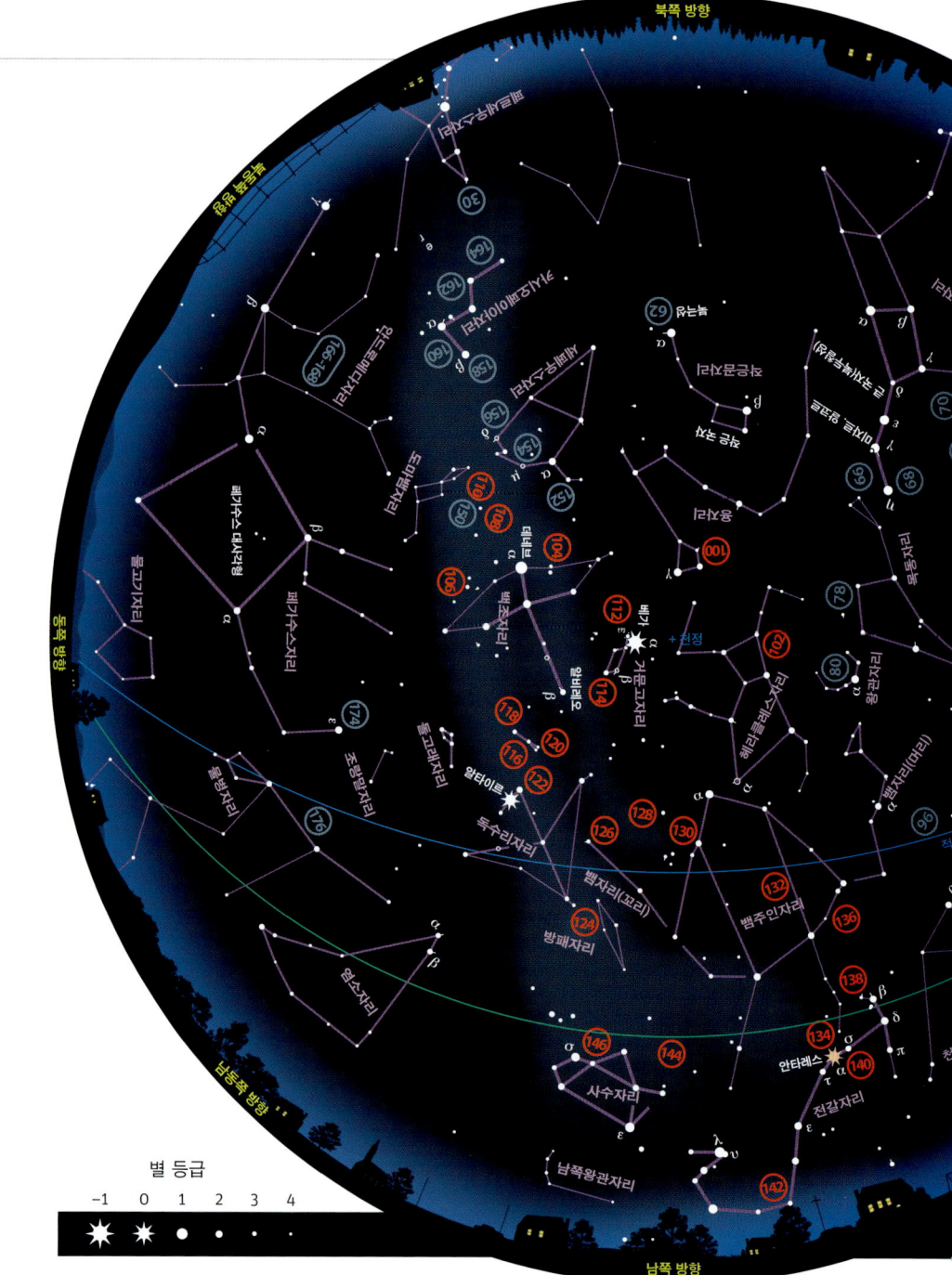

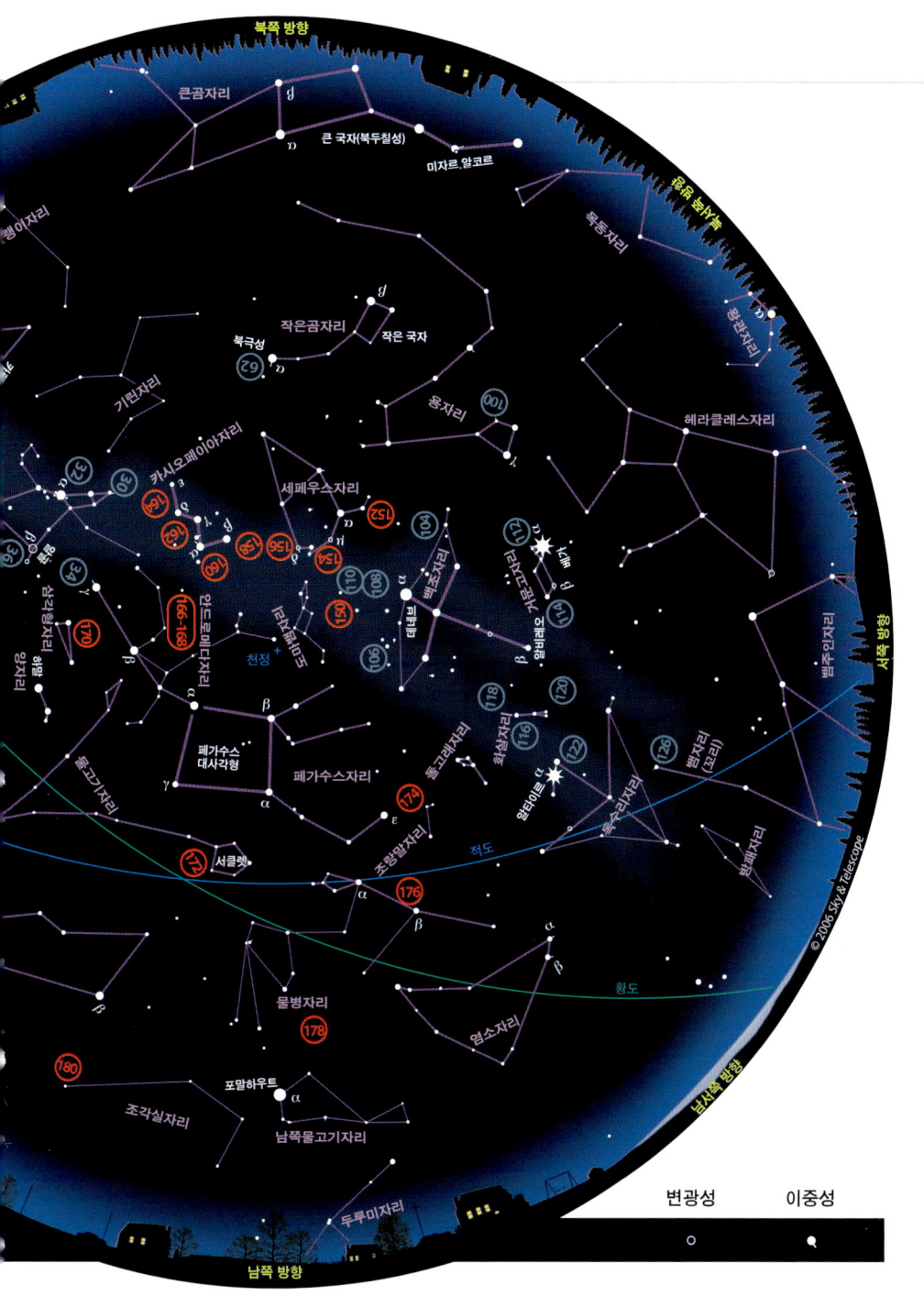